Mechanics and Adaptronics

Herausgegeben von

Markus Böl, Institute of Mechanics and Adaptronics, Technische Universität Braunschweig, Braunschweig, Deutschland

Michael Sinapius, Institute of Mechanics and Adaptronics, Technische Universität Braunschweig, Braunschweig, Deutschland

Ziel der Buchreihe ist die Publikation neuer Ansätze in der Mechanik und Adaptronik. Diese Ansätze umfassen zum einen experimentelle Themen als auch solche, die numerischen Charakters sind und erstrecken sich über diverse Größenskalen. Experimentelle, zukunftsweisen Themen beinhalten Untersuchungen auf Mikro- bis hin zur Makroebene und berücksichtigen unterschiedlichste Felder, von der Mechanik über Temperatur bis hin zu unterschiedlichen chemischen Feldern. Auch auf Seiten der numerischen Simulation werden auf Grundlage der experimentellen Untersuchungen neue multiskalige Mehrfeldmodelle entwickelt, kalibriert und validiert. Eine Besonderheit stellt hier die Thematik der Adaptronik dar, die als Ziel die Integration neuer Funktionen in tragende Bauteile durch die Kombination konventioneller Konstruktionswerkstoffe mit aktiven Werkstoffsystemen verfolgt. So werden Funktionswerkstoffe betrachtet, die Energiewandler sind und die die klassischen lasttragenden und formgebenden Funktionen um sensorische und aktorische Funktionen erweitern. Aktorische und sensorische Eigenschaften ermöglichen in Kombination mit adaptiven, schnellen Reglern eine optimale Selbstanpassung an die jeweilige Einsatzumgebung. Durch die Zusammenführung von numerischem und experimentellem Know-how auf mechanische als auch adaptronischer Seite ist es möglich, Erkenntnisse aus der Natur im Sinne des bionischen Gedankens in die Technik zu übertragen und so neue wissenschaftliche Richtungen aufzuschlagen.

Ozan Tamer

Thermo-mechanisches Enteisungssystem auf Basis von Formgedächtnislegierungen

Von der Fakultät für Maschinenbau
der Technischen Universität Carola-Wilhelmina zu Braunschweig
zur Erlangung der Würde eines
Doktor-Ingenieurs (Dr.-Ing.)
genehmigte Dissertation

von: Ozan Tamer
geboren in (Geburtsort): Isparta/Türkei
eingereicht am: 29.06.2023
mündliche Prüfung am: 15.11.2023
Vorsitz: Prof. Dr.-Ing. Thomas Vietor
Gutachter: Prof. Dr.-Ing. Michael Sinapius
Prof. Dr.-Ing. Hans Peter Monner

Springer Vieweg

Ozan Tamer
Institute of Mechanics and Adaptronics
Technische Universität Braunschweig
Braunschweig, Deutschland

ISSN 2731-6211 ISSN 2731-622X (electronic)
Mechanics and Adaptronics
ISBN 978-3-662-69336-0 ISBN 978-3-662-69337-7 (eBook)
https://doi.org/10.1007/978-3-662-69337-7

Die Deutsche Nationalbibliothek verzeichnet diese Publikation in der Deutschen Nationalbibliografie; detaillierte bibliografische Daten sind im Internet über https://portal.dnb.de abrufbar.

Planung/Lektorat: Michael Kottusch
Springer Vieweg ist ein Imprint der eingetragenen Gesellschaft Springer-Verlag GmbH, DE und ist ein Teil von Springer Nature.
Die Anschrift der Gesellschaft ist: Heidelberger Platz 3, 14197 Berlin, Germany

Kurzfassung

Die Eisbildung auf aerodynamischen Oberflächen stellt ein Sicherheitsproblem für die Luftfahrt dar, da sie die Flügelvorderkanten beeinträchtigt. Bestehende Enteisungssysteme stützen sich auf thermische, mechanische oder hybride Methoden zur Bekämpfung von Eisansammlungen. Die Fortschritte in der Materialtechnologie und die Forderung nach höherer Effizienz erfordern jedoch die Erforschung neuer Enteisungsansätze unter Verwendung neuartiger Materialien. Die Forschung konzentriert sich auf die Entwicklung und Prüfung neuartiger Methoden zur Verbesserung der Energieeffizienz und zur Überwindung der Grenzen der derzeitigen Enteisungssysteme.

In dieser Studie wird ein neuartiges Enteisungssystemkonzept untersucht, bei dem eine in Elastomer eingebettete Formgedächtnislegierung (FGL) verwendet wird, um thermomechanische Effekte zu erzielen. Der Schwerpunkt liegt auf der thermomechanischen Formgedächtnislegierung, die eine hohe Energiedichte aufweist und sich daher im Vergleich zu alternativen Antriebselementen für die Integration in Luft- und Raumfahrtsysteme eignet. Die einzigartigen thermomechanischen Eigenschaften von FGL machen es zu einem natürlichen thermomechanischen Antriebselement, das neuartige Lösungen zur Beseitigung von Eisansammlungen auf aerodynamischen Oberflächen bietet. Das Konzept basiert auf der Ausnutzung des Formgedächtniseffekt (FGE)es als grundlegendes Prinzip für das Enteisungssegment.

Um ein grundlegendes Verständnis des Funktionsprinzips zu erlangen, wird in dieser Studie ein systematischer Entwurfsprozess angewandt, der eine darauf abgestimmte Parameterstudie beinhaltet. Im Rahmen der Parameterstudie wird der Einfluss verschiedener Geometrieparameter auf das thermomechanische Verhalten des Enteisungssegments mit Hilfe von Simulationsmethoden untersucht. Nach Abschluss der Parameterstudie wird eine bestimmte Geometrie ausgewählt und ein Funktionsmuster wurde für weitere experimentelle Untersuchungen hergestellt. Dieser Ansatz ermöglicht eine detaillierte Untersuchung des Verhaltens und der Leistung des Enteisungssystems unter praktischen Bedingungen.

Preface

Ice formation on aerodynamic surfaces presents safety concerns for aviation by impacting wing leading edges. Existing de-icing systems rely on thermal, mechanical, or hybrid methods to combat ice accumulation. However, advancements in material technology and the demand for enhanced efficiency necessitate the exploration of new de-icing approaches using new materials. Ongoing research focuses on developing and testing novel methods to improve energy efficiency and overcome the limitations of current de-icing systems.

This study explores a novel de-icing system concept that utilizes Shape Memory Alloy (SMA) embedded in elastomer material to achieve thermo-mechanical effects. The focus is on the thermomechanical shape memory alloy, which exhibits high energy density and therefore is suitable for integration into aerospace systems compared to alternative actuator elements. The unique thermo-mechanical properties of SMA make it a natural thermo-mechanical actuator element, offering novel solutions to remove ice accumulation on aerodynamic surfaces. The concept is based on harnessing the Shape Memory Effect (SME) as the underlying principle for a de-icing segment.

To gain a comprehensive understanding of the functional principle, this study employs a systematic design process that incorporates a coordinated parameter study. Through the parameter study, the impact of various geometry parameters on the thermo-mechanical behavior of the de-icing segment is investigated using simulation methods. Once the parameter study is completed, a specific geometry is selected and manufactured for further experimental investigation. This approach allows for a detailed examination of the de-icing system's behavior and performance in practical conditions.

Danksagung

Ich möchte mich aufrichtig bei Prof. Sinapius für seine anhaltende Motivation und Unterstützung während meiner Doktorarbeit bedanken. Sein kritisches Denken und die ständige Eröffnung neuer Horizonte haben mich stets inspiriert und meine wissenschaftliche Entwicklung maßgeblich geprägt.

Ein herzlicher Dank geht auch an Prof. Monner für seine wertvollen Kommentare und konstruktiven Beiträge, die meine Arbeit bereichert haben.

Ich möchte auch meine IMA-Kollegen/-innen, besonders Bürokollegen und Freunde Matthias Endres und Alexander Kyriazis besonders würdigen. Ihr Beitrag zu einem freundlichen Arbeitsklima und ihre Bereitschaft zu interessanten Diskussionen haben meine Arbeit nicht nur angenehmer gestaltet, sondern auch einen wertvollen Beitrag zu meinem Forschungsumfeld geleistet. Vielen Dank für die gemeinsamen Erfahrungen und die positive Atmosphäre, die wir geteilt haben.

Des Weiteren möchte ich dem türkischen Ministerium für Nationale Bildung für die Unterstützung meines Studiums und der DFG für die Finanzierung des Projekts meinen Dank aussprechen. Diese finanzielle Unterstützung hat mir die Möglichkeit gegeben, mich vollständig auf meine Forschung zu konzentrieren und bedeutende Fortschritte zu erzielen.

Ein besonderes Dankeschön gilt meiner Familie für ihre uneingeschränkte Unterstützung. Ihre Liebe und Ermutigung haben mir stets Halt gegeben und meinen Weg zum Erfolg geebnet.

Salzgitter, Deutschland

Ozan Tamer
Februar 2024

Inhaltsverzeichnis

1 Einleitung ... 1

2 Ver- und Enteisung umströmter Flugzeugprofile ... 3
2.1 Die Arten der Eisakkumulation ... 4
2.2 Die Einflüsse der Eisakkumulation ... 6
2.3 Eisschutzsysteme ... 6
2.3.1 Thermische Systeme ... 8
2.3.2 Mechanische Systeme ... 9
2.4 Thermo-mechanische Enteisungssysteme ... 10
2.4.1 Stand des Wissens bezüglich thermo-mechanischer Enteisungssysteme ... 11
2.4.2 Entwurf eines thermo-mechanischen Enteisungssystems mit Formgedächtnislegierung ... 12
2.5 Zusammenfassung ... 17

3 Implementierung des FGL-Aktors in das Enteisungskonzept ... 19
3.1 Einordnung der FGL in die Aktoren ... 20
3.2 Der aktorische Effekt von Formgedächtnislegierungen ... 21
3.2.1 Formgedächtniseffekt ... 23
3.2.2 FGL als Aktor im Enteisungskonzept ... 27
3.3 Zusammenfassung ... 30

4 Enteisungssysteme mit Formgedächtnislegierungen ... 31
4.1 Stand der Technik ... 31
4.2 Evaluierung bisheriger Enteisungssysteme mit FGL ... 41
4.3 Themomechanisches Enteisungskonzept mit Formgedächtnislegierung ... 43
4.4 Zusammenfassung ... 45

5 Eigenschaftsprofil des Einbettungsmaterials mit multilateraler Funktionskonformität 47
5.1 Anforderungen 47
5.1.1 Mechanisch 48
5.1.2 Verhältnis des Matrixmaterials zur Eisadhäsion 54
5.1.3 Thermisch 55
5.2 Zusammenfassung 59

6 Gekoppeltes zeitliches und örtliches Verhalten des FGL-Drahtes 61
6.1 Systematische Konzeptentwicklung 61
6.2 Bestimmung der Einflussgrößen 63
6.3 Modellierung des FGL-Materials 65
6.4 Parameterstudie 67
6.5 Untersuchung des Verhältnisses zwischen Drahtaktivierung und Oberflächentemperatur 69
6.6 Untersuchung der Drahtdehnung anhand der Drahtzyklen 73
6.7 Zusammenfassung 76

7 Fertigung des Enteisungssegments 77
7.1 Eigenschaftsprofil des Segments 77
7.2 Planung der Fertigung 78
7.3 Fertigungsprozess 79
7.3.1 Vorbereitung des FGL-Drahts für das Enteisungssegment 79
7.3.2 Fertigung des Matrixmaterials 80
7.3.3 Fertigung des Enteisungssegments 82
7.4 Zusammenfassung 85

8 Experimentelle Untersuchungen und Ergebnisse 87
8.1 Beschreibung des Versuchsstands 87
8.2 Überprüfung des Zustandsraummodells 88
8.3 Zusammenfassung 92

9 Zusammenfassung und Ausblick 93
9.1 Diskussion der Arbeitshypothesen 93
9.2 Weiterer Ausblick 96

A Finite-Differenz-Methode 99

B Zustandsraumdarstellung 105

C Materialeigenschaften für die FEM-Simulation 109

D Technische Zeichnungen 111

E LabView Blockdiagramm 115

Literatur 117

Abbildungsverzeichnis

Abb. 2.1 Die durchschnittliche Gefriertemperatur der Wassertröpfchen nach dem Tröpfchendurchmesser [2, 3] 4
Abb. 2.2 Klareis (**a**), Raueis (**b**), gemischtes Eis (**c**) aus [8] 5
Abb. 2.3 Einflüsse der Vereisung 6
Abb. 2.4 Skizzen für das Funktionsprinzip der Enteisung mit warmer Luft. (**a**) Verteilung der warmen Luft im Querschnitt [11]. (**b**) Wärmeverteilung entlang der Flügelvorderkante... 8
Abb. 2.5 Entstehung des Rücklaufwassers 9
Abb. 2.6 Aufblasbare Enteisungsmatten, entleert (links), aufgeblasen (rechts) [11] 10
Abb. 2.7 Komponente der Elektro-Impulsive Enteisung (EIDI) im Querschnitt [23] 11
Abb. 2.8 Thermomechanisches Enteisungssystem mit Ausstoßung. (**a**) Skizze des Thermomechanisches Enteisungssystems mit Ausstoßung [12]. (**b**) Vergleich des Enteisungssystems mit und ohne Wärme [12] 12
Abb. 2.9 Darstellung der Wirkung bei FGL-Aktivierung anhand des Querschnittbilds 13
Abb. 2.10 Mögliche Anwendungsbereiche für das Enteisungssystem 14
Abb. 2.11 Temperaturzusammenhang zwischen der Oberflächen- und Drahttemperatur 14
Abb. 2.12 Allgemeine Funktionsstruktur bei der Aktivierung der FGL [24] 15
Abb. 2.13 Allgemeine Funktionsstruktur bei der Deaktivierung der FGL [24] 16

Abb. 3.1 Phasentransformation, mit Änderung aus [28] übernommen 20
Abb. 3.2 Klassifikation der Aktoren, mit Änderung aus [25] und [30] übernommen 21

Abb. 3.3 Vergleich der Aktoren nach Gewicht und spezifische Leistung, mit Änderung aus [51] ... 23
Abb. 3.4 Temperatur abhängige Spannungs-Dehnungsantwort von FGL, mit Änderung aus [52] übernommen ... 24
Abb. 3.5 Schematische Einordnung von FG-Effekten [28] ... 25
Abb. 3.6 Dehnung-Temperatur-Spannung Verhältnis während des FGEs, mit Änderung aus [25] und [27] übernommen ... 26
Abb. 3.7 Thermisches Training. (**a**) Skizze des Versuchsstands unter konstante Belastung. (**b**) Thermische Zyklus unter konstante Belastung, mit Änderung aus [27] übernommen ... 27
Abb. 3.8 Thermomechanisches Verhalten beim extrinsischen Zweiwegeffekt, mit Änderung aus [28] übernommen ... 28
Abb. 3.9 Thermomechanisches Verhalten beim, mit Änderung aus [53] übernommen ... 28
Abb. 3.10 Extrinsischer Zweiwegeffekt im Funktionsmuster ... 30

Abb. 4.1 Ausdehnung der FGL, mit Änderung aus [56] übernommen ... 32
Abb. 4.2 Skizzen für das Querschnittbild der Enteisungssysteme, mit Änderung aus [56] übernommen. (**a**) passiv. (**b**) aktiv ... 32
Abb. 4.3 FGL-Enteisung für Rotorblatt [57], mit freundlicher Genehmigung von *NASA STI Information Desk* ... 33
Abb. 4.4 Profil der FGL-Vorrichtung nach [58] ... 33
Abb. 4.5 Querschnittbild für die Anwendung der FGL nach [58]. (**a**) FGL ist inaktiv. (**b**) FGL ist aktiv ... 34
Abb. 4.6 Anwendung der FGL zur Enteisung, mit Änderung aus [59] übernommen ... 35
Abb. 4.7 Formveränderung im Zylinder auf der Basis von Training und Formgedächtniseffekt, mit Änderung aus [60] übernommen ... 36
Abb. 4.8 Versuchsstand für statische Vereisung [60] ... 36
Abb. 4.9 Probeausstattung beim Versuchsstand [60] ... 36
Abb. 4.10 Probearten für Enteisung [60]. (**a**) Filamentbobine. (**b**) Aktivierungssystem ... 37
Abb. 4.11 Zeitverläufe (als *digital unit*) für den „heißen" und den „kalten" Bereich der Probe [61]. (**a**) Wärmebildkameraaufnahme der erwärmten Oberfläche (0,5 A–0,1 V für 20 s). (**b**) Temperaturverlauf für den erwärmten und nicht erwärmten Bereich ... 38
Abb. 4.12 Zeitverläufe (als *digital unit*) für den „heißen" und den „kalten" Bereich der Probe [61]. (**a**) Wärmebildkameraaufnahme der erwärmten Oberfläche (1 A–1,1 V für 20 s). (**b**) Temperaturverlauf für den erwärmten und nicht erwärmten Bereich ... 38
Abb. 4.13 Zusammenbau des Prototyps [62] ... 39

Abb. 4.14 Skizze des untersuchten Enteisungskonzepts [63] 40
Abb. 4.15 Skizze des Funktionsprinzips [56, 63] 40
Abb. 4.16 Querschnit des Profils nach [64]. (**a**) Unverformt. (**b**) Verformt 43
Abb. 4.17 Querschnit des Flügelprofils nach [64] 44
Abb. 4.18 Ausführungsforme nach [64], 1. Formkörper, 2. FGL, 3. elektrische Anschlüsse, 4. Zugsteifes Zugelement (elek. nicht leitbar). (**a**) Sechseckige Form. (**b**) Zweite spezielle Ausführungsform. (**c**) Eine weitere Ausführungsform 44
Abb. 4.19 Zusammenbau von mehreren Ausführungsformen, mit Änderung aus [64] übernommen. (**a**) Elastomerteil. (**b**) Formkörper mit FGL 45

Abb. 5.1 Querschnitte zum Vergleichszweck (1. FGL-Draht, 2. Einbettungsmaterial). (**a**) Querschnitt des Enteisungssegments. (**b**) Querschnitt des Models für das Steifigkeitsverhältnis 49
Abb. 5.2 Aktorquerschnitt als Federsystem 50
Abb. 5.3 Arbeitsvermögen des integrierten Funktionswerkstoffs 51
Abb. 5.4 Einfluss der Proportion von Membrandicke und Drahtdurchmesser auf das Arbeitvermögen 51
Abb. 5.5 Ein-Zwölftel-Modell für die Simulation, mit Änderung aus [24] übernommen 52
Abb. 5.6 Der Querschnitt des ein-Zwölftel-Modells 52
Abb. 5.7 Die Auslenkung der Membranoberfläche abhängig von E-Modul und Membrandicke 53
Abb. 5.8 Verschiedene Arten von Messungen der Eishaftungsstärke, gruppiert nach der Belastung, mit Änderung aus [65] übernommen 54
Abb. 5.9 Eisadhäsionsfestigkeit von Sylgard 184-Oberfläche für die Schub- und Zugspannung bei unterschiedlichen Mischverhältnisse, mit Änderung aus [68] übernommen 55
Abb. 5.10 2D Modell des Enteisungssegments mit Eisschicht. (**a**) Querschnitt. (**b**) Querschnitt mit Knoten 56
Abb. 5.11 Transiente Wärmeanalyse für das Enteisungssegment mit unterschiedlichen Matrixmaterialien 57
Abb. 5.12 Transiente Wärmeanalyse für t = 0, 50, 100 s 59

Abb. 6.1 Morphologischer Kasten, mit Änderung aus [75] übernommen 62
Abb. 6.2 Die von der Geometrie abhängigen Parameter [75] 63
Abb. 6.3 Die beeinflussenden Parameter der Transferfunktion, mit Änderung aus [75] übernommen 64
Abb. 6.4 Ein-Zwölftel-Modell und Bedingungen für die Darstellung von Symmetrie und externer Befestigung, mit Änderung aus [24] übernommen 65

Abb. 6.5 Messpunkte zur Profilmessung der Verformung der Verformung der Funktionsprobe, mit Änderung aus [24] übernommen ... 66
Abb. 6.6 Vergleich der berechneten Knotenverschiebung und der gemessenen Verschiebung an ausgewählten Punkten des Konzepts [24] ... 66
Abb. 6.7 Maximale Verschiebung der Mitte und Maximum Vergleichsspannung gegen Relative Größe aller Parameter im Falle einer dicken Eisschicht auf der Matrix Oberfläche [71] ... 68
Abb. 6.8 Querschnitt durch das Enteisungssegment ... 69
Abb. 6.9 Komponente des Enteisungssegments ... 70
Abb. 6.10 Querschnitt durch das Enteisungssegment ... 70
Abb. 6.11 Temperaturänderung des Drahts und der Kontaktstelle ... 71
Abb. 6.12 Temperaturänderung unterschiedlicher FGL-Drähte und der Kontaktstelle ... 73
Abb. 6.13 Dehnungsänderung der Drähte ... 74
Abb. 6.14 Degradationsverhalten des Funktionsmusters für 375 μm [75] ... 75

Abb. 7.1 Fertigungsplan für die Herstellung des Segments, mit Änderung aus [75] übernommen ... 78
Abb. 7.2 Thermisches Training für den FGL-Draht (375 μm Durchmesser), mit Änderung aus [75] übernommen ... 80
Abb. 7.3 Dehnung-Temperatur Diagramm für den FGL-Draht (375 μm Durchmesser nach dem thermischen Training), mit Änderung aus [75] übernommen ... 81
Abb. 7.4 Fertigungsschritte für Elastomermaterial ... 82
Abb. 7.5 Fertigungsschritte für Enteisungssegment ... 83
Abb. 7.6 Gussformen für den inneren und äußeren Teil [75] ... 84
Abb. 7.7 Funktionsmuster als einzelnes Enteisungssegment [75] ... 84

Abb. 8.1 Darstellung des Versuchsstands für die Temperaturmessung, mit Änderung aus [75] übernommen ... 88
Abb. 8.2 Vergleich der Temperaturänderung nach experimentellen Ergebnissen [24], FEM [71], FDM und Zustandsraummodell ... 89
Abb. 8.3 Vergleich der Temperaturänderung nach experimentellen Ergebnissen [75], FDM und Zustandsraummodell ... 90
Abb. 8.4 Funktionsmuster nach dem Enteisungstest, mit Änderung aus [24] übernommen ... 90
Abb. 8.5 Vergleich der Temperaturänderung unter vereisten Bedingungen nach experimentellen Ergebnissen [75], FDM und Zustandsraummodell ... 91

Abb. A.1 Polarkoordinaten für ein radiales System [77] 100
Abb. A.2 Querschnitt des Enteisungssegments 100
Abb. A.3 Nodales Netzwerk für 2D-Wärmeleitung für den Querschnitt des Enteisungssegments 101
Abb. A.4 Koordinaten des nodales Netzwerks für 2D-Wärmeleitung 101
Abb. A.5 Koordinaten des nodales Netzwerks für 2D-Wärmeübertragung 102
Abb. A.6 Koordinaten des Knotenpunktnetzes für die Kontaktfläche zwischen Eis und Elastomer 102
Abb. B.1 FDM-Diskretisierung mit 5-Punkte-Stern 106
Abb. B.2 Darstellung von unbekannten Temperatur-, Randbedingungs- und dem FGL-Knoten 106
Abb. B.3 Knotendarstellung des vereisten Segments als Querschnitt 106
Abb. B.4 Blockdiagramm der Zustandsraumdarstellung in Simulink 107
Abb. D.1 Technische Zeichnung für die Gussform des Innenteils 111
Abb. D.2 Technische Zeichnung für die Gussform des Außenteils 112
Abb. D.3 Technische Zeichnung für die Grundplatte der Trägerstruktur 112
Abb. D.4 Technische Zeichnung für den Klebeverbinder der Trägerstruktur 113
Abb. E.1 LabView Blockdiagramm für thermisches Training [75], mit freundlicher Genehmigung von Herrn A. Kyriazis 115

Tabellenverzeichnis

Tab. 2.1 Technische Eisschutzlösungen und Schutzprinzipien [1] 7

Tab. 3.1 Vergleich der multifunktionalen Materialien 22
Tab. 3.2 Vergleich der unterschiedlichen Last für FGL-Aktoren [55] 29
Tab. 3.3 Erreichbare Anzahl von reversiblen Transformationszyklen bezogen auf maximale Dehnung [25] 29

Tab. 4.1 Zusammenfassung der bisher entwickelten Enteisungssysteme mit FGL 42

Tab. 5.1 Die Werte der Parameter 50
Tab. 5.2 Tabelle der Parameter für Geometrie, Matrix und Draht [71, 72] 56
Tab. 5.3 Thermische Diffusivität 58

Tab. 6.1 Höchstwerte für die relativen Größen auf der x-Achse [71] 67
Tab. 6.2 Geometrie des Enteisungssegments 69
Tab. 6.3 Transformationstemperaturen und ihre Einflüsse auf die Oberflächentemperaturen 72

Tab. 7.1 Transformationstemperaturen aus dem thermischen Training..... 81
Tab. 7.2 Massenverteilung der Elastomermischung für Enteisungssegment 83

Tab. A.1 Wärmeflussrate zwischen den Knoten für die Wärmeleitung nach [[84], Formel 4.1.3] 101
Tab. A.2 Wärmeflussrate zwischen den Knoten für die Wärmeübertragung nach [[84], Formel 4.1.3] 102

Tab. A.3 Wärmefluss an der Kontaktfläche durch Wärmeleitung nach [[84], Formel 4.1.3] 103
Tab. B.1 Die Simulationsparameter 108
Tab. C.1 Tabelle der Parameter für Geometrie, Matrix und Draht [71] 109

Symbolverzeichnis

Formelzeichen	Beschreibung	Einheit
a	Thermische Diffusität	$m^2\,s^{-1}$
A	Fläche, Querschnittsfläche	mm^2
$\underline{\underline{A}}$	Systemmatrix	–
A_f	Austenit-Finish-Temperatur	°C
A_s	Austenit-Start-Temperatur	°C
$\underline{B}$	Eingangsvektor	–
$\underline{BC}$	Vektor für die Randbedingungen im Zustandsraummodell	–
$\underline{C}$	Ausgangsvektor	–
A_f	Martensit-Finish-Temperatur	°C
c_{ij}	Materialparameter für Elastomer	MPa
c_p	Wärmekapazität	$J\,kg^{-1}\,K^{-1}$
d	Membrandicke	m
D	Durchmesser	m
D_{Draht}	Drahtdurchmesser	m
D_{DS}	Drahtschlingendurchmesser	m
$D_{\text{Innenkreis}}$	Innenkreisdurchmesser des Sechsecks	m
$\underline{D}$	Durchgangsmatrix	–
E	Elastizitätsmodul	$N\,m^{-2}$
$\dot{g}$	Wärmeerzeugungsrate für Kontrollvolumen	W
$\dot{G}$	Wärmeerzeugungsrate	$W\,m^{-3}$
$\underline{\underline{G}}$	Koeffizienzmatrix für die Randbedingungen	–
h	Wärmeübergangskoeffizient	$W\,m^{-2}\,K$
H	Höhe	m
k	Steifigkeit	$N\,m^{-1}$
K	Koeffizient zum Demonstrieren des Hystereseverhaltens	–
L	Länge	m
M_d	Grenztemperatur zur spannungsinduzierten Martensitbildung	°C
M_s	Martensit-Start-Temperatur	°C

Q_v	Wärmeübertragungsrate zum Kontrollvolumen	W
r	Position in radialer Richtung	m
r_0	Radius von der zentralen Achse bis (m,n)	m
Δr	Infinitesimaler Radius	m
R_{DS}	Drahtschlingenradius	m
$R_{Innenkreis}$	Innenkreisradius des Sechsecks	m
t	Zeit	s
Δt	Zeitschritt	s
T	Temperatur	°C
$T_{Ambient}$	Umgebungstemperatur	°C
T_{Draht}	Drahttemperatur	°C
$T_{Initial}$	Initialtemperatur	°C
$T_{Kontakt}$	Temperatur an der Kontaktstelle	°C
$T_{m,n}$	Temperatur am Konten (m,n)	°C
$T'_{m,n}$	Temperatur am Knoten (m,n) für den Zeitpunkt $t+\Delta t$	°C
$\underline{T}$(t)	Zustandsvektor	–
U	Eingangsgröße im Zustandsraummodell	–
v	Geschwindigkeit	$\mathrm{m\,s^{-1}}$
$Y(t)$	Ausgangsgröße	–
z	Position in axialer Richtung	m
Δz	Infinitesimale Länge in axialer Richtung	m
α	Wärmeausdehnungskoeffizient	K^{-1}
α_{bwd}	Wärmeausdehnungskoeffizient von Martensit zu Austenit	K^{-1}
α_{fwd}	Wärmeausdehnungskoeffizient von Austenit zu Martensit	K^{-1}
α_{th}	Thermischer Wärmeausdehnungskoeffizient	K^{-1}
β	Koeffizient für $T_{m,n+1}$	s^{-1}
γ	Koeffizient für $T_{m,n-1}$	s^{-1}
ϵ	Position des Drahts bzw. Exzentrizität	m
ε	Dehnung	–
$\varepsilon_{elastisch}$	Elastische Dehnung	–
ε_{FGE}	Dehnung durch den Formgedächtniseffekt	–
ε_{ID}	Inelastische Dehnung	–
ε_{th}	Thermische Dehnung	–
ε_{max}	Maximale Dehnung des Drahts	–
θ_k	Steifigkeitsverhältnis	–
$\Delta\theta$	Infinitesimale Winkel im Polarkoordinatensystem	rad –
κ	Koeffizient für $T_{m-1,n}$	s^{-1}
λ	Wärmeleitfähigkeit	$\mathrm{W\,m^{-1}\,K^{-1}}$ –
ρ	Dichte	$\mathrm{kg\,m^{-3}}$
σ	Mechanische Spannung	$\mathrm{N\,m^{-2}}$
σ_f	Spannung für den Abschluss der martensitischen Umwandlung	$\mathrm{N\,m^{-2}}$
σ_s	Spannung für die Einleitung der martensitischen Umwandlung	$\mathrm{N\,m^{-2}}$
φ	Koeffizient für $T_{m+1,n}$	s^{-1}
ψ	Koeffizient für $T_{m,n}$	s^{-1}

Abkürzungsverzeichnis

DLR	Deutsches Zentrum für Luft- und Raumfahrt
DMS	Dehnungsmessstreifen
ECFS	Electrically controlled force and stiffness
EIDI	Electro-impulse deicing
EMEDS	Electro-Magnetic Expulsion Deicing System
FEM	Finite-Elemente-Methode
FDM	Finite-Differenzen-Methode
FGE	Formgedächtniseffekt
FGL	Formgedächtnislegierung
HT	*High temperature*
IAF	Institut für Adaptronik und Funktionsintegration
LT	*Low temperature*
NASA	National Aeronautics and Space Administration
NOL	Naval Ordnance Laboratory
PEEK	Polyetheretherketon
PWM	Pulsweitenmodulation
SMA	Shape Memory Alloy
SME	Shape Memory Effect
TMEDS	Thermo-mechanical expulsion deicing system

Kapitel 1
Einleitung

> Jedem Anfang wohnt ein Zauber inne.
>
> – Hermann Hesse

Wasser, eine lebenswichtige Flüssigkeit, stellt in der Luftfahrt ein erhebliches Sicherheitsproblem dar, wenn es Temperaturen unter Null ausgesetzt ist. Die Vereisung von Flugzeugoberflächen beeinträchtigt deren aerodynamische Leistung und gefährdet die Flugsicherheit. Die Entwicklung eines wirkungsvollen Enteisungskonzepts ist in der Luftfahrt ein sicherheitrelevantes Thema, das durch den Bedarf an fortschrittlichen Materialien und energieeffizienten Lösungen angetrieben wird. Diese Dissertation soll einen Beitrag zur Enteisungstechnologie leisten, indem sie das Potenzial und die Nutzbarkeit eines neuartigen Ansatzes untersucht: die Integration von Draht aus Formgedächtnislegierungen (FGL) in ein Elastomermaterial, um die Eisansammlung auf Umströmungsprofilen zu entfernen.

Herkömmliche Methoden zur Beseitigung der Vereisung umfassen die Anwendung von Heißluft oder Thermofolie zur Erwärmung der Flugzeugoberfläche oder die mechanische Verformung der Oberfläche selbst mit verschiedenen Methoden. Diese Methoden haben sich zwar als einigermaßen wirksam erwiesen, weisen jedoch häufig Nachteile auf, wie z. B. mangelnde Energieeffizienz oder begrenzte Skalierbarkeit. Als Antwort auf diese Herausforderungen ist das Konzept der hybriden Enteisung entstanden, das mehrere Techniken kombiniert, um die Leistung zu verbessern.

Diese Forschungsarbeit konzentriert sich auf die Entwicklung einer hybriden Enteisungslösung, bei der ein FGL-Draht in ein elastomeres Material eingebettet werden. Formgedächtnislegierungen besitzen einzigartige Eigenschaften, die es ihnen ermöglichen, mithilfe von thermischen Reizen reversible Formänderungen vorzunehmen. Durch Ausnutzung dieser Eigenschaft kann der eingebettete

O. Tamer, *Thermo-mechanisches Enteisungssystem auf Basis von Formgedächtnislegierungen*, Mechanics and Adaptronics,
https://doi.org/10.1007/978-3-662-69337-7_1

FGL-Draht die Elastomeroberfläche als Reaktion auf Temperaturschwankungen aktiv verformen und so die Eisbildung wirksam unterbrechen.

Das Hauptziel dieser Studie ist es, die Machbarkeit und Wirksamkeit des vorgeschlagenen Enteisungskonzepts zu untersuchen. Zu den wichtigsten zu untersuchenden Aspekten gehören der Systementwicklungsprozess und die Leistungsbewertung der Kombination aus FGL-Draht und Elastomer. Durch einen Beitrag zur Wissensbasis der Enteisungstechnologie soll diese Forschung das Verständnis für hybride Lösungen und deren Potenzial zur Verbesserung der Sicherheit und Effizienz von Flugzeugen fördern. Die Ergebnisse dieser Studie können in künftige Entwicklungen von Enteisungssystemen einfließen und Wege für effektivere und nachhaltigere Lösungen in der Luftfahrtindustrie eröffnen. Insgesamt zielt diese Dissertation darauf ab, wertvolle Einblicke in die Entwicklung eines neuartigen Enteisungskonzepts zu geben, bei dem Draht aus einer Formgedächtnislegierung in ein elastomeres Material für Umströmungsprofile integriert werden. Durch die Untersuchung der Materialeigenschaften, der Leistungsbewertung und der Überlegungen zur Energieeffizienz soll diese Forschungsarbeit einen Beitrag zu den laufenden Bemühungen leisten, die durch die Vereisung in der Luftfahrt entstehenden Herausforderungen zu mindern.

Kapitel 2
Ver- und Enteisung umströmter Flugzeugprofile

> Probleme kann man niemals mit derselben Denkweise lösen, durch die sie entstanden sind.
>
> – Albert Einstein

Der Zusammenstoß von Wassertröpfchen in der Luft mit der Flugzeugstruktur (z. B. Flügelvorderkante, die vordere Einströmkante des Turbofans usw.) kann zum Einfrieren führen. Die Tatsache, dass die Wassertröpfchen auf diese Weise einfrieren, wird als *atmosphärische Vereisung* bezeichnet und kann in der Luftfahrt zu Problemen führen. Diese Probleme können die erhöhte Masse, Vibrationen aufgrund der Unwucht und die blockierten Steuerungsteile des Flugzeugs sein. Sie gefährden die Sicherheit des Flugzeugs und das Leben der Passagiere. Außer Flugzeugen betrifft das Problem auch Offshorebauwerke oder Hochspannungsleitungen.

Während des Flugs findet die Eisanhäufung mit dem Aufprall unterkühlter Wassertropfen auf der Vorderkante des Profils statt. Der Gefrierpunkt des Wassers ist 0 °C bei 1 atm Druck. Allerdings können kleine Tröpfchen in der flüssigen Form verbleiben, auch wenn die Temperatur unter 0 °C liegt. Zum großen Teil sind die Wassertröpfchen unter −20 °C in Eisform. Dennoch kann es dazu kommen, dass sehr kleine und pure Wassertropfen bis −40 °C die flüssige Phase beibehalten. Die Wassertröpfchen sind in der Lage, bei niedrigen Temperaturen in einem flüssigen Zustand zu bleiben, da sie ungestört abkühlen. Wenn diese Tröpfchen jedoch berührt werden oder auf sie einwirken, verändert sich ihr physikalischer Zustand, wodurch sie gefrieren und zu Eis werden [1]. Abb. 2.1 stellt die an die Daten von [2] angepasste Linie für Temperatur und Tropfendurchmesser dar. Der Phasenübergang erfolgt unter normalen Druckbedingungen durch Kühlung der Wassertröpfchen. Unterkühltes Wasser ist die Bezeichnung für Wassertröpfchen, die bei Temperaturen unter 0 °C in flüssigem Zustand verbleiben. Da die sogenannten Tröpfchen thermo-

O. Tamer, *Thermo-mechanisches Enteisungssystem auf Basis von Formgedächtnislegierungen*, Mechanics and Adaptronics,
https://doi.org/10.1007/978-3-662-69337-7_2

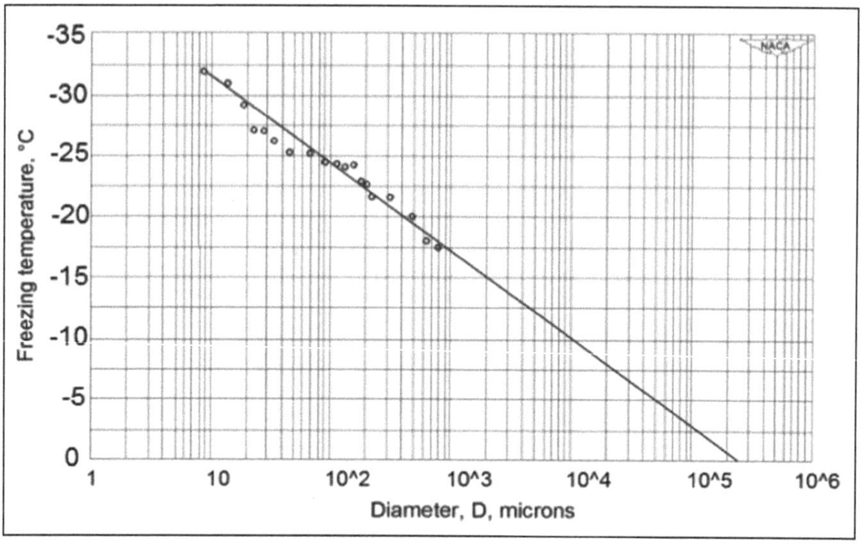

Abb. 2.1 Die durchschnittliche Gefriertemperatur der Wassertröpfchen nach dem Tröpfchendurchmesser [2, 3]

dynamisch metastabil sind, wechseln sie ihren Aggregatzustand und folglich Form (von Wasser zu Eis) durch die Berührung mit der aerodynamischen Struktur (z. B. Flügelvorderkante) [1].

Wie viel Eismasse sich ansammelt und wie schnell dies auf einer unbeheizten Oberfläche geschieht, hängt von vielen Aspekten ab. Die Strukturform, einschließlich der Oberflächengüte, die Größe, die Geschwindigkeit, mit der sich die eisgelagerte Flugzeugstruktur bewegt. Des Weiteren hängt es von der Temperatur der Flüssigwasserkonzentration und der Größe der Tropfen in der Wolke ab [4]. Bei der Vereisung werden an verschiedenen Stellen auf der gleichen Oberfläche unterschiedliche Oberflächenrauhigkeiten der Flugzeugstruktur festgestellt. Der Grund dafür ist, dass die Oberflächenrauhigkeit einen starken Einfluss auf den Wärmeübergang zwischen dem Wasser und dem Luftstrom hat, der die Vereisungsrate des Wassers steuert [5].

2.1 Die Arten der Eisakkumulation

An den gekrümmten und umströmten Teilen der Flugzeugstrukturen bildet sich meistens die Eisakkumulation [6], die zwischen folgenden drei Eisformen unterschieden wird:

- **Das Klareis** entsteht zwischen 0 °C und −10 °C durch unterkühlte große Wassertropfen. Es ist von glasiger Substanz und kann starke Veränderungen an der Form der Flügelvorderkante verursachen [1]. Klareis folgt meistens den

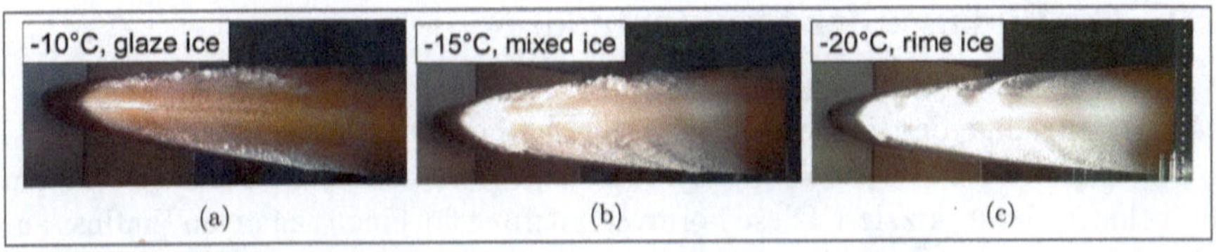

Abb. 2.2 Klareis (**a**), Raueis (**b**), gemischtes Eis (**c**) aus [8]

Konturen der Oberfläche. Ab einer kritischen angehäuften Eismenge entstehen die in Abb. 2.2a gezeigten hornartigen Eisanhäufungen. Diese Form des Eises ist schwierig abzuwerfen.

- **Das Mischeis** ist eine Kombination von Rau- und Klareis [4, 7]. Zwischen −10 °C und −15 °C entsteht diese Art des Eises [1] (Abb. 2.2b).
- **Das Raueis** hat ein grobes und milchartiges Erscheinungsbild und entsteht zwischen −15 °C und −20 °C (Abb. 2.2c). Es besteht aus kleinen Wassertropfen, die bei Kontakt mit der Flugzeugoberfläche in Gefrierung resultieren [1].

Bei einer Kombination aus warmer Strukturoberfläche (d. h. nahe dem Gefrierpunkt), hoher Geschwindigkeit und/oder hoher Wolkenwasserkonzentration gefriert nicht immer das gesamte auftreffende Wasser beim Aufprall, sondern Teile des Wassers verlaufen entlang der Oberfläche nach hinten. Es ist möglich, dass dieses so genannte Rücklaufwasser an den hinteren Positionen gefriert und im Falle eines Flügels eine lokale Verdickung des Eisprofils zu einem Horn auf jeder der oberen und unteren Oberflächen erzeugt. Diese Anhäufung neigt dazu, transparent zu sein und gehört zur Art „Klareis" [4].

Die oben genannten Eisformen haben unterschiedliche mechanische Eigenschaften. Die entgegengesetzten tangentialen Scherkräfte werden zum Vergleich der Adhäsionskräfte der Eismassen verwendet. Die Forschung von Chu et al. hat gezeigt, dass die adhäsive Scherfestigkeit des Raueises (0,12 MPa) geringer als die Scherfestigkeit des Klareises (0,4 MPa) ist [9]. Das liegt daran, dass das Klareis ein homogener, transparenter Festkörper ist. Im Vergleich dazu ist das Raueis inhomogen und beinhaltet pulverartige Eispartikel.

Chu et al. haben Aluminium und Stahl als Substratmaterial getestet und verglichen. Die Ergebnisse zeigen, dass unterschiedliche Materialien bei der adhäsive Scherfestigkeit der Eisschicht, die durch das Aufprallen unterkühlter Wassertröpfchen auf der Oberfläche entsteht, keine Rolle spielen. Andererseits ist die Oberflächenrauhigkeit des Substratmaterials ein dominanter Parameter für die Haftfestigkeit. Zwischen dem Tröpfchenimpuls und der Scherfestigkeit besteht ein schwacher positiver linearer Zusammenhang unter der Annahme, dass die Massendichte von Eis als konstant angenommen wird. Der Impuls ist proportional mit der Multiplikation der Windgeschwindigkeit (υ) mit dem Tröpfchendurchmesser hoch drei (D^3). Die Forscher fanden heraus, dass eine starke Korrelation zwischen der abnehmenden Schubspannung in Abhängigkeit von der steigenden Temperatur der Eis-Substrat-Grenzfläche besteht [9].

2.2 Die Einflüsse der Eisakkumulation

Mit der Zunahme der Eismasse ändert sich die Form der Vorderkante des Profils. Die von der Eismasse abhängigen Änderungen werden in Abb. 2.3 mit einem Flügelquerschnitt skizziert. Diese Formveränderung hat einen negativen Einfluss auf die Luftströmung (v_{Luft}), die nicht mehr laminar, sondern turbulent wird. Darüber hinaus sinken der Auftrieb und der Vortrieb. Außerdem nehmen der Widerstand und die Gesamtmasse zu.

Die unterschiedlichen Eisformen haben unterschiedliche Steifigkeit. Schon kleine Stücke des Eises auf dem Flügel, dem Leitwerk, der Kontrolloberfläche oder den Instrumenten wie z. B. dem Pitotrohr können die aerodynamische Leistung und die Steuerbarkeit des Flugzeugs beeinflussen [10]. Die Veränderung von Auftrieb und Luftwiderstand durch die zusätzliche Eismasse führt zu Vibrationen und damit zu einer Störung der Messsignale [11]. Außerdem führt die Eisanhäufung auf der Vorderkante des Hecks zu einer starken Reduktion des Anstellwinkels [12] und Verklemmung der beweglichen Teile [11]. Die oben erwähnten Gründe können zum Absturz führen. Ein Beispiel hierfür ist der *American-Eagle-Flug 4184* [13].

Bei der Eisakkumulation spielt die Größe des Flugzeugs eine wichtige Rolle. Im Vergleich zu großen Strukturen ist die Eisanhäufung bei kleinen Flugzeugen, die bei ein- und zweimotorigen Flugzeugen ein Startgewicht von bis zu 5,7 t haben, größer. Außerdem ist es aufgrund der Größe und Komplexität der derzeitigen Enteisungssysteme schwierig, sie an kleine Flugzeuge anzupassen [14]. Größere Flugzeuge haben einige Vorteile bei der Enteisung. C-5A (militärisches Transportflugzeug) ist ein Beispiel dafür. Da die Flügel von C-5 groß sind, kann sich nur relativ wenig Eis an der Oberfläche bilden. Als Folge davon brauchen die Flugzeuge kein Eisschutzsystem [15].

2.3 Eisschutzsysteme

Es gibt zwei Grundideen zum Schutz von Luftfahrtzeugen gegen Eisansammlung [16].

- Die dauerhafte Verhinderung der Vereisung wird als Eisverhütung bezeichnet.
- Mit der Enteisung wird die Eisschicht periodisch entfernt.

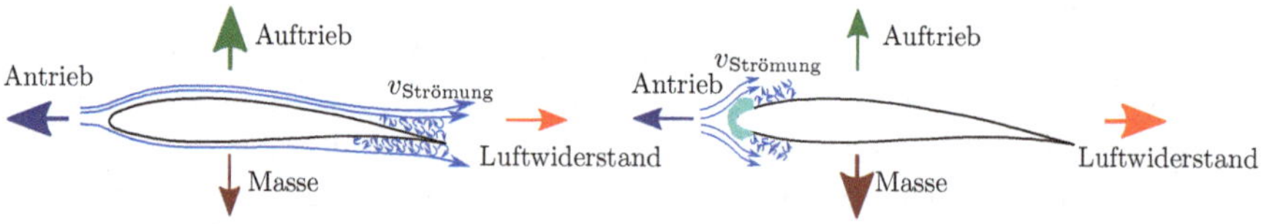

Abb. 2.3 Einflüsse der Vereisung

Tab. 2.1 Technische Eisschutzlösungen und Schutzprinzipien [1]

Technische Eisschutzlösungen	Enteisung	Eisverhütung
Pneumatisch-mechanisches System	x	o
Heißluftsystem	x	x
Elektrisches Widerstandssystem	x	(x)
Flüssigkeitssystem	x	(x)

x in Anwendung
(x) gewöhnlich nicht angewendet
o nicht anwendbar

Diese Grundprinzipien ermöglichen die Verhinderung der Eisakkumulation durch thermische Systeme oder die Entfernung von Eis nach seiner Bildung durch mechanische Systeme. In Tab. 2.1 werden die Eisschutzlösungen und die Schutzprinzipien dargestellt. Bei dem pneumatisch-mechanischen System werden Gummimatten auf der Flügelvorderkante (entlang oder in Sehnenrichtung des Flügels) positioniert. Die Eisentfernung erfolgt durch periodisch gesteuertes Aufblasen und Leerpumpen der Gummimatten. Mit Hilfe von Druckluft verformen sich die Matten und entfernen die Eisschicht [1]. Das pneumatisch-mechanische System kann nur bei der Enteisung der Flügelvorderkante verwendet werden.

Das Heißluftsystem wird in erster Linie bei kommerziellen Transportflugzeugen eingesetzt. Die heiße Luft wird von den Triebwerken abgezapft und durch ein spezielles Rohr (Piccolo Tube) zur Flügelvorderkante umgeleitet. Die Löcher im Rohr gewährleisten die gleichmäßige Verteilung der heißen Luft entlang der Vorderkante [1]. Das Heißluftsystem ist sowohl für Enteisung als auch für Eisverhütung geeignet.

Ein elektrisches Widerstandssystem ist im Grunde genommen auch ein thermisches System, das mit Strom funktioniert. Das System findet Anwendung in Form einer Heizfolie, eines Heizfilms oder eines Heizdrahtnetzes. Es ist auch möglich den elektrischen Widerstand in Fiberglas, Kunststoff, Gummi oder Metall einzubinden [1]. Flüssigkeitssysteme senken den Gefrierpunkt an den möglichen Vereisungspunkten durch den Einsatz einer Enteisungsflüssigkeit. Dieses System kann sowohl zur Eisverhütung als auch zur Enteisung eingesetzt werden. Bei der Eisverhütung werden die unterkühlten Wassertröpfchen mit der Enteisungsflüssigkeit vermischt und der Gefrierpunkt der Mischung gesenkt. Als Enteisungssystem wird das System nach dem Anwachsen der Eisschicht aktiviert. Dadurch sickert die Flüssigkeit durch und verringert die Haftkraft der Eisschicht an der Strukturoberfläche. Durch die aerodynamischen Kräfte wird die Eisschicht abgelöst [1].

Es gibt viele Gründe die Forschungen über die Enteisungssysteme fortzusetzen. Der erste und wichtigste Grund ist, Flüge so sicher wie möglich zu machen. Um dies zu erreichen, sollen die Flugzeuge mit effizienten und zuverlässigen Eisschutzsystemen ausgestattet werden. Außerdem wird beabsichtigt, dass die Systeme bei allen Wetterbedingungen funktionsfähig und ausfallsicher bleiben. Die Nachfrage nach neuen Eisschutzsystemen bleibt stets konstant, denn Neuheiten versprechen geringere Masse, niedrigen Energiebedarf, effizientes Abwerfen der Vereisung, zuverlässigen Betrieb und somit sinkende Kosten [17]. Um einen optimalen Kompromiss der eben genannten Anforderungen zu finden, werden neue Methoden erforscht, die unterschiedliche Arten der Enteisung (mechanisch, thermisch, elektro-mechanisch oder elektro-thermisch) verwenden bzw. auch kombinieren.

2.3.1 Thermische Systeme

Seit Mitte der 50er Jahre wird warme Luft aus dem Triebwerk abgezapft und dient zum Eisschutz der Flügelvorderkante und des Turbineneintritts [17]. Die Zapfluft wird aus dem Triebwerk durch Luftkanäle zu der inneren Seite der Vorderkante umgeleitet, um die Vereisungsgefahr zu beseitigen [18]. In Abb. 2.4a wird das Zapfluftsystem in einem Querschnitt des Flüges dargestellt. Für die Vorderkante der Flügel oder den Turbineneinlauf lässt sich die warme Luft durch kleine Löcher in dem Piccolorohr (Luftkanal in der Abb. 2.4b) verteilen. Außer an der Flügelvorderkante dient die heiße Luft zum Eisschutz auch bei Klappensystemen, Leitwerksflächen, Triebwerkslufteinlässen, Lufteinlässen der Systeme und an der Rumpfnase findet sie auch Verwendung [1].

Ein weiteres Beispiel für das thermische System ist das thermoelektrische System, bei dem die benötigte Wärme mit elektrischem Widerstand, der in Form einer Heizfolie vorliegt, erzeugt wird. Thermo-elektrische Systeme werden bevorzugt, wenn die Zapfluft technisch nicht möglich ist, da die benötigte verdichtete und erhitzte Luft wegen der Größe oder der Komplexität des Systems nicht zur Verfügung steht. Beispiele für die Anwendungsbereiche von thermo-elektrischen Systemen sind z. B. Propeller, Spinner und Hubschrauberrotoren [18]. Laut Venna et al. ist der Energiebedarf der thermo-elektrischen Enteisungssysteme so groß, dass diese Enteisungssysteme für kleine Flugzeuge oder Windturbinen nicht geeignet sind [19]. Thermische Enteisungsmethoden nehmen während der Enteisung eine Leistung von $10\,\mathrm{kW\,m^{-2}}$ auf. In solchen Fällen könnten passive Eisschutzsysteme (z. B. Beschichtung) eine geeignete Alternative sein, da sie keine Energie verbrauchen [20].

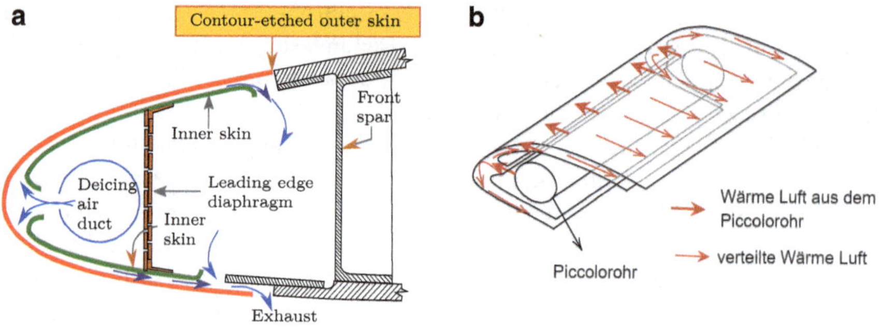

Abb. 2.4 Skizzen für das Funktionsprinzip der Enteisung mit warmer Luft. (**a**) Verteilung der warmen Luft im Querschnitt [11]. (**b**) Wärmeverteilung entlang der Flügelvorderkante

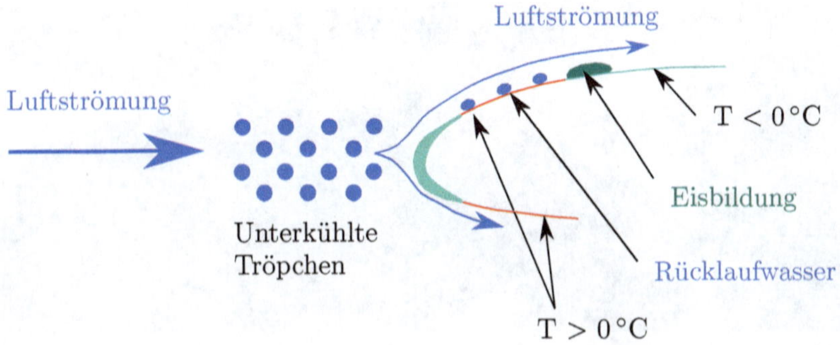

Abb. 2.5 Entstehung des Rücklaufwassers

Mit dem thermischen Effekt schmilzt das Eis und die Eisschicht wird durch die aerodynamischen Kräfte leichter entfernt. Der Nachteil des elektro-thermischen Enteisungssystems ist das Rücklaufwasser, das durch das Abschmelzen des angelagerten Eises entsteht und am Flügelprofil entlang fließt. Danach kann der kleine Wasserlauf an ungeschützten Stellen wieder anfrieren. In Abb. 2.5 wird der Querschnitt eines Flügels dargestellt. Durch die Erwärmung der Vorderkante (T > 0 °C) steigt die Oberflächentemperatur. Die nun geschmolzenen Eisstücke bewegen sich in Form von Rücklaufwasser mit der Luftströmung. An entsprechender Stelle (wo die Temperatur wieder T < 0 °C ist) bildet sich aus dem Rücklaufwasser wieder Eis. Eine weitere Quelle für Rücklaufwasser ist der direkte Einfluss der Wassertropfen [12].

Der Boeing 787 Dreamliner verwendet ein elektrothermisches Eisschutzsystem, bei dem mehrere Heizdecken mit dem Inneren der geschützten Vorflügel verbunden sind. Die Heizmatten können dann gleichzeitig für Eisverhütung oder sequentiell für Enteisung verwendet werden. Zusätzlich wird in diesem Flugzeug die Zapfluft nur für den Eisschutz der Motorhaube und die Druckbeaufschlagung der Hydraulikbehälter verwendet [21]. Dies reduziert die Abhängigkeit von Zapfluft und beseitigt ein konstruktiv aufwändiges System zur Weiterleitung von Heißluft zu den Flügeln.

2.3.2 *Mechanische Systeme*

Die mechanischen Enteisungssysteme basieren auf elastischen Deformationen der Strukturoberflächen. Eines der bekanntesten ist das pneumatische Enteisungssystem, das seit ca. 1930 bei Propellerflugzeugen als Standard-Enteisungssystem verwendet wird [1].

Das pneumatische Enteisungssystem verwendet aufblasbare Gummimatten, die an der Vorderkante des Flügels waagerecht oder senkrecht positioniert sind. Die Abb. 2.6 ist eine Darstellung für ein pneumatisches Enteisungssystem, in dem die Matten entlang des Flügels positioniert werden. Mit Hilfe eines pneumatischen

Abb. 2.6 Aufblasbare Enteisungsmatten, entleert (links), aufgeblasen (rechts) [11]

Systems wird Druckluft erzeugt. Durch diese Druckluft werden die Gummimatten zyklisch aufgeblasen und wieder evakuiert, um so das angelagerte Eis zu entfernen. Der Energieverbrauch der pneumatischen Matten ist gering im Vergleich zu thermischen Systemen. Außerdem ist es auch ein Vorteil, dass es wenig Masse hat. Ein Nachteil des Systems ist, dass die Gummimatten gegen die Schädigung durch Objekte ungeschützt sind. Ein weiteres Problem ist, dass es durch die Trennung von der Eisschicht erodiert. Zusätzlich ist das pneumatische System nicht leistungsfähig bei einer dünnen Eisschicht [22]. Der Vorteil dieses Systems ergibt sich aus der langjährigen Erfahrung im Einsatz. Inspektionen, Wartungen und der Austausch defekter Komponenten sind serienreif [1]. Bei Saab 340, Bombardier Dash 8 ist ein pneumatisches System im Einsatz für Enteisung.

Ein anderes mechanisches Enteisungssystem ist das Elektro-Impuls Enteisungssystem (Electro-impulse deicing (EIDI)). In Abb. 2.7 werden die Systemelemente dargestellt. Bei dieser Art der Enteisung werden durch das Entladen eines Kondensators hohe Stromstärken in einer Spule erzeugt. So entsteht ein magnetisches Feld, durch das ein Wirbelstrom in dem Doppler induziert wird. An der Oberfläche entstehen geringe Verschiebung und hohe Beschleunigungskräfte, die das Eis brechen und ablösen [23]. Im Vergleich zum pneumatischen Enteisungssystem hat die Vorderkante des Flügels anstelle von Gummimatten direkten Kontakt mit der Umgebung. Dadurch ist das System widerstandsfähiger gegen Umwelteinflüsse. Das macht das System widerstandsfähiger gegen Umwelteinflüsse. Die Versuche zeigen, dass die Vorderkante auf der Ober- und Unterseite des Flügels nach den Enteisungstests nicht vollständig eisfrei ist [23].

2.4 Thermo-mechanische Enteisungssysteme

Das thermo-mechanische Enteisungssytem ist im Prinzip ein Hybridsystem. Es ist eine Kombination aus mehreren Enteisungs- oder Eisverhütungssystemen. Das kann aus elektro-thermischen (Heizfilm, -draht) und mechanischen Komponenten bestehen. Das Ziel eines Hybridsystems ist den Energiebedarf des Enteisungssystems

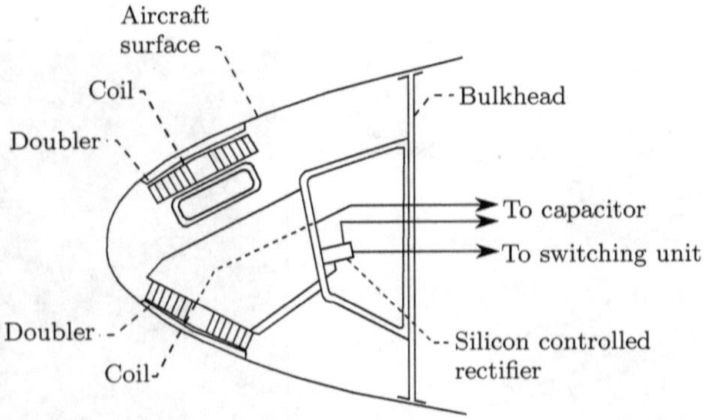

Abb. 2.7 Komponente der Elektro-Impulsive Enteisung (EIDI) im Querschnitt [23]

zu reduzieren. Die superhydrophoben Beschichtungen reduzieren den Energieverbrauch und eliminieren die Eisanhäufung, die durch das Rücklaufwasser auf der nicht geschützten Fläche entsteht. Der einzige Nachteil der Beschichtung ist, dass sie geringen Erosionswiderstand hat [20]. Folglich wird die Beschichtung der Strukturoberfläche beim Aufbringen der Eisschicht erodiert und bleibt nicht lange bestehen.

2.4.1 *Stand des Wissens bezüglich thermo-mechanischer Enteisungssysteme*

Im Rahmen der Dissertation wird ein Konzept für ein thermo-mechanisches Enteisungssystem erarbeitet. Aus diesem Grund werden in diesem Kapitel die bestehenden thermo-mechanischen Enteisungssysteme vorgestellt und diskutiert.

In Abb. 2.8a wird ein Beispiel für ein thermo-mechanisches Enteisungsystem (Thermo-mechanical expulsion deicing system (TMEDS)) dargestellt. Es handelt sich um eine Kombination aus einem elektrothermischen Enteisungssystem mit einem mechanischen Enteisungssystem mit geringer Energiezufuhr. Beide Systeme sind unter der Vorderkante des Flugzeugs zusammengestellt. An der Vorderkante befindet sich die eingebettete Heizung. So wird die Oberflächentemperatur über dem Gefrierpunkt des Wassers gehalten. Darüber hinaus kann die Eisansammlung an der Vorderkante verhindert werden.

Die geschmolzenen Eisstücke fließen mit Hilfe des Windes über die Flügel. Wegen der niedrigen Temperatur beginnt die Wasserpfütze zu gefrieren. Das Rücklaufwasser friert außerhalb der erwärmten Zone. Dort ist das thermisches System nicht in der Lage, die Eisschicht abplatzen zu lassen. Um die Ansammlung von Eis aufgrund des Rücklaufwassers zu verhindern, ist geplant, ein mechanisches System (Electro-Magnetic Expulsion Deicing System (EMEDS)) an der Ober- und Unterseite der Flügel anzubringen [12].

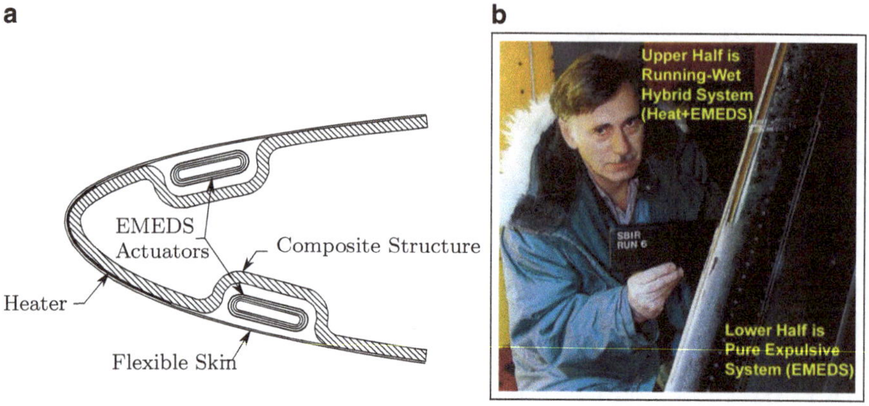

Abb. 2.8 Thermomechanisches Enteisungssystem mit Ausstoßung. (**a**) Skizze des Thermomechanisches Enteisungssystems mit Ausstoßung [12]. (**b**) Vergleich des Enteisungssystems mit und ohne Wärme [12]

In der Abb. 2.8b werden die Testergebnisse für die Enteisung dargestellt. Hier wird der Einfluss der Wärme untersucht. An der oberen Seite der Teststruktur werden EMEDS Aktoren und Wärme verwendet. Auf der unteren Seite sind nur die EMEDS Aktoren aktiv. Das Ergebnis zeigt deutlich, dass ein Hybridsystem die Oberfläche der Vorderkante enteist.

2.4.2 Entwurf eines thermo-mechanischen Enteisungssystems mit Formgedächtnislegierung

Grundidee

Das Konzept dieses Enteisungssystems basiert auf der Wirkungsweise, d. h. dem Formgedächtniseffekt (FGE) der Formgedächtnislegierung (FGL). Beim FGE bewirkt die Temperaturerhöhung eine Formveränderung oder Kontraktion. Das bedeutet, dass dieses Phänomen mit einer Temperaturerhöhung und einer mechanischen Verformung verknüpft ist, was die Grundlage für die ursprüngliche Idee darstellt. Die Grundidee der Arbeit ist es, den Temperaturanstieg und die daraus resultierende Verformung durch die Aktivierung der FGL in einem Enteisungssystem zu kombinieren.

Der neuartige Ansatz für das thermo-mechanische Enteisungssystem mit FGL für die aerodynamischen Oberflächen besteht darin, den zur Aktivierung notwendigen Temperaturanstieg mit der resultierenden mechanischen Kontraktion des Materials zu kombinieren, was die FGL zu einem Hybrid-Enteisungssystem macht.

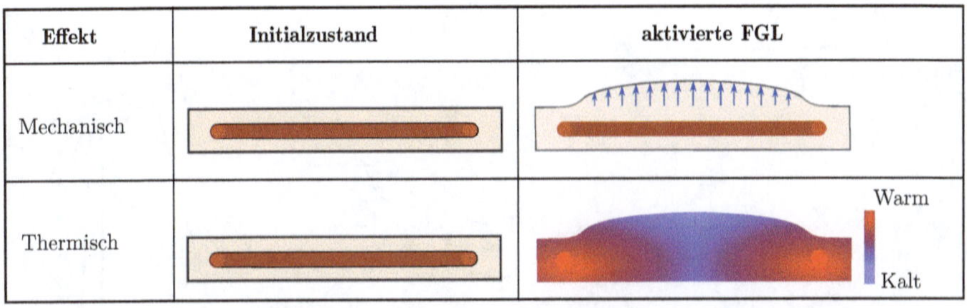

Abb. 2.9 Darstellung der Wirkung bei FGL-Aktivierung anhand des Querschnittbilds

Die Kombination soll durch eine Einbettung eines ringförmigen Drahts aus FGL in ein elastisches Material erreicht werden. Durch die Kontraktion wird das elastische Material vom Draht gedrückt. Dieser Druck soll zu einer Beulenbildung an der Oberfläche führen. Mechanische und thermische Effekte werden separat in der Abb. 2.9 dargestellt. Links ist der FGL an der Startposition inaktiv. Rechts zeigt die Abbildung den Zustand nach der Aktivierung. Die Wärme, die die FGL aktiviert, soll die Oberflächentemperatur erhöhen. Durch die Superposition des mechanischen (Entstehung der Beule) und des thermischen (Temperaturerhöhung des Drahts) Effektes soll angelagertes Eis entfernt werden.

Je besser die Wärmeleitfähigkeit des elastischen Materials ist, desto höhere und schnellere Temperaturänderungen kann an der Oberfläche erreicht werden. Wenn sich die Oberflächentemperatur 0 °C nähert, nimmt die Haftfestigkeit des Eises ab. So vereinfacht die neue Form des Elastomers die Entfernung der Eisschicht. Im Fall einer zu hohen Wärmeleitfähigkeit würde die Oberflächentemperatur 0 °C schnell überschreiten und zum Schmelzen des Eises führen. Das wäre nicht erwünscht, weil der Kontakt des Elastomers mit dem Eis verloren geht und es schwierig wird, mechanische Spannungen auf das Eis zu übertragen. Es besteht auch die Möglichkeit, dass sich das beim Schmelzen entstehende Wasser in eine andere Richtung bewegt und dort wieder gefriert.

Der andere Grenzfall wäre eine zu geringe Wärmeleitfähigkeit. In diesem Fall würde die Drahttemperatur steigen, während die Oberfläche kühl bleibt. In diesem Zustand würde sich das System so verhalten, als wäre es ein rein mechanisches Enteisungssystem. Ohne eine Erhöhung der Oberflächentemperatur würde sich auch die Eishaftfestigkeit nicht ändern. Weiterhin ist mehr Kraft erforderlich, um die Eisschicht zu entfernen. Es ist also aus der Grenzfallbetrachtung deutlich, dass es auf die richtige örtliche und zeitliche Abstimmung beider Effekte ankommt. Dies soll mit der Dissertation im Detail untersucht werden.

Die Abb. 2.10 zeigt die möglichen Anwendungsbereiche des Konzepts. Auf die aerodynamische Oberfläche werden mehrere Enteisungssegmente aufgebracht, um die Eisschicht zu entfernen. Wie in der Abbildung dargestellt, werden Enteisungssegmente auf die Oberfläche von Flugzeugflügeln oder Windkraftanlagen aufgetragen.

Abb. 2.10 Mögliche Anwendungsbereiche für das Enteisungssystem

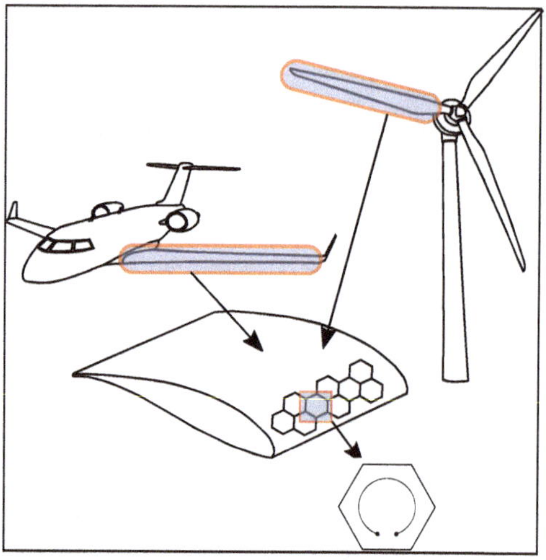

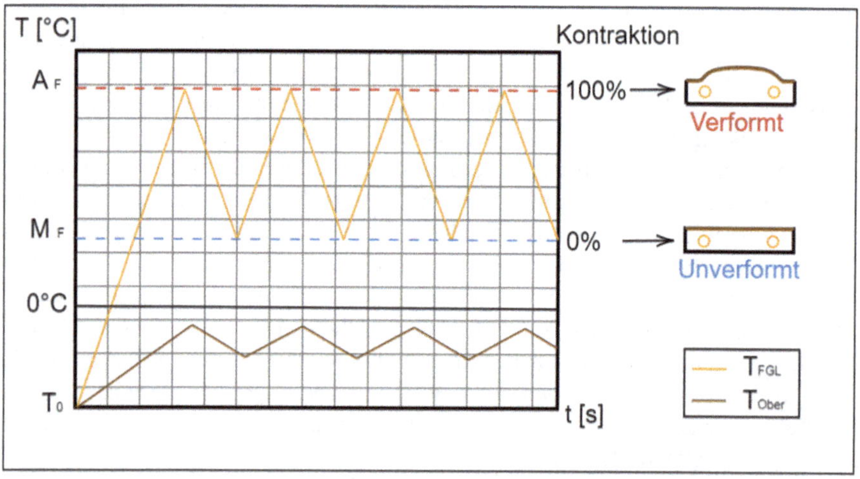

Abb. 2.11 Temperaturzusammenhang zwischen der Oberflächen- und Drahttemperatur

Zielvorstellungen

Das Ziel ist die Synchronisierung der Oberflächenverformung und der Temperaturerhöhung an der Oberfläche. Das System wird mit Strom (Joule-Heating) über einen Mikrokontroller aktiviert.

Die Arbeitsfrequenz der FGL ist geringer als die anderer Aktoren (z. B. Piezokeramik), da die lange Abkühlzeit eine Herausforderung darstellt. Diese Arbeitsfrequenz hat einen Einfluss auf die Geschwindigkeit des Systems. Beim Funktionsmuster soll die FGL zwischen A_f und M_f oszillieren. In Abb. 2.11 wird die Änderung der T_{Draht} und der $T_{\text{Oberfläche}}$ dargestellt. Wenn die Drahttemperatur

Af erreicht, soll auch die Kontraktion beim Maximum angelangen. Auf diese Weise sollte sich eine Beule auf der Oberfläche bilden.

Allgemeine Funktionsstruktur für FGL Aktor

Die Kernidee des Konzepts ist die Verwendung einer Elastomermembran mit einem eingebetteten Draht aus einer Formgedächtnislegierung. Um keine Lösungen von vornherein auszuschließen, wird in einem ersten Schritt eine Abstraktion der Hauptfunktion vorgenommen. Dies zeigt, dass eine mechanische Verformung der Oberfläche und eine gleichzeitige Erhöhung der Oberflächentemperatur die Hauptaufgaben des Enteisungssystems bilden. Als Eingangsenergie steht elektrische Energie zur Verfügung. Wenn die Funktionen in einer detaillierteren Funktionsstruktur formuliert sind, lohnt es sich, zwischen der Aktivierungsphase (Abb. 2.12) und der Deaktivierungsphase bzw. Rückstellphase (Abb. 2.13) zu unterscheiden. Die Funktionsstruktur hilft bei der Bildung eines abstrakten Ablaufdiagramms, mit dem das Funktionsprinzip und die Funktionsreihe des Enteisungskonzepts dargestellt werden.

In den genannten Abbildungen steht der Block *Wandeln* für die Umwandlung von elektrischer Energie in thermische Energie und/oder thermischer Energie in mechanische Energie. *Speichern* und *Freigeben* beziehen sich auf die Schritte, bei denen potenzielle oder thermische Energie im Elastomer oder FGL gespeichert oder abgegeben wird. Der Block *Leiten* steht für einen Energietransport durch die Funktionsmuster. In der Aktivierungsphase (Abb. 2.12) wird elektrische Energie (Strom) durch Joule-Effekt in thermische Energie umgewandelt. Die Wärmeenergie wiederum wird in einen Teil, der zur Erwärmung der Oberfläche abgeführt wird, und einen Teil, der über den FGE (Kontraktion) in mechanische Energie umgewandelt

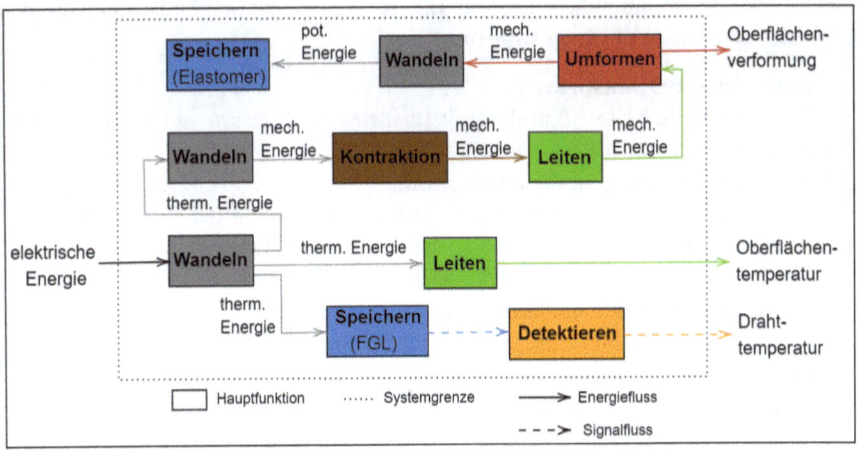

Abb. 2.12 Allgemeine Funktionsstruktur bei der Aktivierung der FGL [24]

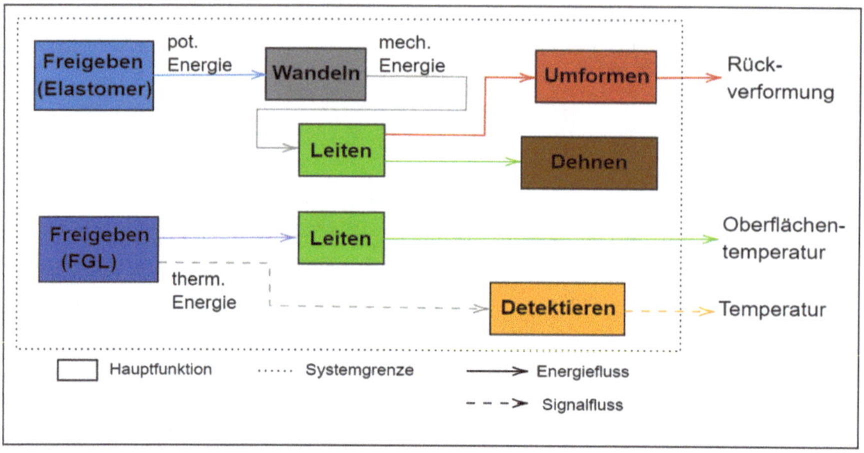

Abb. 2.13 Allgemeine Funktionsstruktur bei der Deaktivierung der FGL [24]

wird, unterteilt. Die mechanische Energie wiederum wird teilweise im Elastomer für die Rückstellphase gespeichert und teilweise zur Verformung der Eisoberfläche verwendet.

In der Deaktivierungsphase (Abb. 2.13) wird die gespeicherte mechanische Energie im Elastomer genutzt, um den Draht aus der FGL wieder in seine vorgespannte Form zu bringen und die Form der Elastomeroberfläche wiederherzustellen. In der Abb. 2.13 wird der zweite Teil des Zyklus als Funktionsstruktur dargestellt.

Arbeitshypothese

Das in dieser Dissertation beschriebene Enteisungskonzept beschäftigt sich mit den folgenden zentralen Forschungsfragen:

- **Beweis des Funktionsprinzips**
  Gibt es eine durch die Kontraktion verursachte Verformung auf der Elastomeroberfläche, die zum Ablösen der Eisschicht führt?
- **Der Vorteil der Umgebungstemperatur**
  Beim Design von FGL-Systemen stellt im Allgemeinen die lange Abkühlzeit eine Herausforderung dar. Offen ist, ob die niedrigen Temperaturen des Spezialfalles Enteisung einen Vorteil darstellen.
- **Synchronisierung der beiden Effekte**
  Die Kombination des thermischen und mechanischen Effekts wird auf Synergien untersucht. Beide Größen sind abhängig von der Zeit. Daher muss eine Synchronisierung der beiden Effekte für ein funktionsfähiges thermo-mechanisches Enteisungssystem erzeugt werden.
  Die Frage der Synchronisierung führt zu der nächsten Frage der Funktionskonformität.

- **Steuerung der Oberflächentemperatur über die Drahttemperatur**
  Bei der herkömmlichen Steuerung des Drahtes funktioniert die Aktivierung und Deaktivierung des Formgedächtniseffekts über die Ein-/Aus-Schaltung. Bei diesem Konzept sollte jedoch die Oberflächentemperatur im vereisten Zustand 0 °C nicht überschreiten. Daher kann die Lösung ein alternatives Steuerungssystem sein, damit die Oberflächentemperatur nicht so schnell von der Drahttemperatur beeinflusst wird.
- **Ermöglichung der Funktionskonformität**
  Funktionskonformität ist die Bezeichnung für das Optimum der Zielgrößen (z. B. Steifigkeits-, Festigkeits- und Wärmeübertragungsanforderungen), die bei einer adaptiven Struktur konkurrieren oder nicht konkurrieren [25].
  Die Funktionskonformität bezieht sich auf die Punkte:
  - Die Optimierung des Steifigkeitsverhältnisses erleichtert den Aufbau eines Spannungsfeldes innerhalb einer Elastomerstruktur, wobei die Struktur ein ideales Gleichgewicht zwischen zu weich, was zu einer unzureichenden Spannungsübertragung auf die Oberfläche führt, und zu steif, was die Verformung durch den FGL-Draht behindert, erreicht.
  - Die Veränderung der Materialeigenschaften beeinflusst die Einstellparameter hinsichtlich der mechanischen und thermischen Eigenschaften, was zu einer Lockerung der Adhäsionskraft gegen die Eisschicht und einer erneuten leichten Verschiebung des geometrischen Designs führt.

2.5 Zusammenfassung

In diesem Kapitel werden die Herausforderungen der Vereisung in Zusammenhang mit den Methoden zur Enteisung für die umströmten Profile eingehend thematisiert. Es wird eine übersichtliche Darstellung von Schutzmaßnahmen präsentiert, die eine Reihe von Funktionsprinzipien zur Abschwächung der Auswirkungen der Vereisung umfassen. Darüber hinaus wird ein neuartiges thermomechanisches Enteisungskonzept vorgestellt, das den Formgedächtniseffekt nutzt und eine erfinderische Lösung anbietet. Das Funktionsprinzip dieses Konzepts wird näher erläutert, wobei sowohl die thermischen als auch die mechanischen Auswirkungen hervorgehoben werden. Darüber hinaus werden die potenziellen Anwendungsbereiche erörtert, in denen dieser neuartige Ansatz effektiv umgesetzt werden kann. Abschließend werden relevante Forschungsfragen aufgeworfen, die eine weiterführende Untersuchung des Enteisungskonzepts rechtfertigen.

Kapitel 3
Implementierung des FGL-Aktors in das Enteisungskonzept

> Was der eine Mensch Gott nennt, nennt ein anderer die Gesetze der Physik.
>
> — Nikola Tesla

Formgedächnislegierungen (NiTi-Legierungen) sind Werkstoffe mit einzigartigen Eigenschaften, die durch zwei unterschiedliche Kristallstrukturen möglich sind. Die mechanische Verformung der Legierung im kaltem Zustand kann durch Erhöhung der Werkstofftemperatur vollständig rückgängig gemacht werden. Dies ermöglicht der Legierung ihre Form in eine initiale oder memorierte Form zu verändern.

Die Entdeckung von NiTi erfolgte im Naval Ordnance Laboratory (NOL) von Bühler et al. Daher wurde diese neuartige Legierung zu Ehren des Labors auf den Namen NiTiNOL benannt. In der Arbeit von Bühler und seinen Mitarbeitern wird von einigen außergewöhnlichen Veränderungen mit Titan-Nickel-Systemen um die gleichatomige Verbindung herum berichtet [26]. In Tests beobachteten sie die schnelle Formveränderung eines bei Raumtemperatur spiralförmigen Drahtes, nachdem er in Wasser über etwa 65 °C erhitzt wurde. Die Ergebnisse deuten darauf hin, dass Phasenübergänge mit der physikalischen Veränderung zusammenhängen.

Die Tatsache, dass FGL je nach Temperatur unterschiedliche mechanische Eigenschaften aufweisen, ist auf die Mikrostruktur der Legierung zurückzuführen. Formgedächtnislegierungen können aus zwei Phasen bestehen, aber die Zugabe eines Legierungselements wie Kupfer oder Palladium zu NiTi kann auch zum Auftauchen einer Zwischenphase (bekannt als R-Phase) führen [27]. Die zwei Hauptphasen werden Austenit (Hochtemperaturphase) und Martensit (Tieftemperaturphase) genannt. Die Phasen haben eine unterschiedliche Kristallstruktur. In Abb. 3.1 werden die Kristallstruktur und die entsprechenden Umwandlungstemperaturen (A_s, A_f, M_s, M_f) dargestellt.

O. Tamer, *Thermo-mechanisches Enteisungssystem auf Basis von Formgedächtnislegierungen*, Mechanics and Adaptronics,
https://doi.org/10.1007/978-3-662-69337-7_3

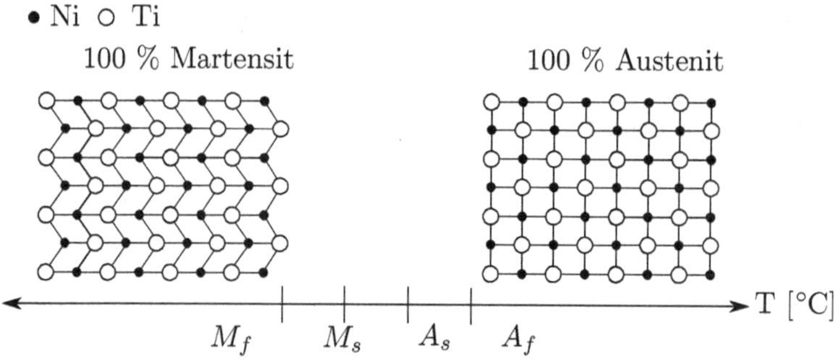

Abb. 3.1 Phasentransformation, mit Änderung aus [28] übernommen

3.1 Einordnung der FGL in die Aktoren

Ein Aktor setzt sich aus allen Arten von Ausgangselementen zusammen, die Bewegungen, Kräfte und Momente erzeugen [29]. Die Aktoren sind im Prinzip Energiewandler. Die Ein- und Ausgangsgrößen eines Energiewandlers sind Energien. Im Falle einer Formgedächtnislegierung ist die Eingangsgröße die Wärmeenergie und die Ausgangsgröße die mechanische Energie.

Abb. 3.2 zeigt die Anordnung der Aktoren. Hier sind sie in zwei Gruppen eingeteilt: herkömmliche Aktoren und Festkörperaktoren. Der offensichtlichste Unterschied zwischen den beiden Gruppen von Aktoren besteht darin, dass ein Draht aus Formgedächtnislegierung seine physikalischen Eigenschaften beibehält und funktionsfähig bleibt, wenn er in Stücke zerlegt wird. Ein hydraulischer Aktor (herkömmliche Aktoren) hingegen verliert seine Fähigkeit, Bewegung zu erzeugen, wenn er geteilt wird [25].

Bei Festkörperaktoren verändert die Aktivierung des Bauteils reversible Eigenschaften wie Geometrie, Steifigkeit oder Viskosität. Es gibt verschiedene Arten der Aktivierung. Daher unterscheiden sich die Aktoren in der Abbildung durch die Art der Aktivierung.

Tab. 3.1 vergleicht die Eigenschaften von Funktionswerkstoffen nach Energiedichte, Dichte, maximaler Dehnung, Elastizitätsmodul, Reaktionszeit, während der Aktivierung erzeugter Spannung und Anregungsart.

Die Tabelle zeigt, dass die Formgedächtnislegierung eine vergleichsweise hohe Energiedichte, Dehnungsmöglichkeit und mechanische Spannungserzeugung aufweist. Die Eignung eines aktiven Materials als Aktor in der Anwendung hängt, wie bereits erwähnt, von vielen Faktoren ab. Zwei entscheidende Faktoren sind die Energiedichte (verfügbare Arbeitsleistung pro Volumeneinheit) und die Arbeitsfrequenz des Materials. Ein ideales aktives Material sollte eine hohe Energiedichte und eine hohe Arbeitsfrequenz aufweisen [27]. FGL hat zwar eine hohe Energiedichte, aber die Arbeitsfrequenz hingegen ist wegen der Abkühlzeit gering. Das ist der größte Nachteil der FGL, der die Anwendungsmöglichkeiten begrenzt. Der Hauptgrund dafür ist, dass die Aufheiz- und Abkühlgeschwindigkeit des Materials nicht gleich

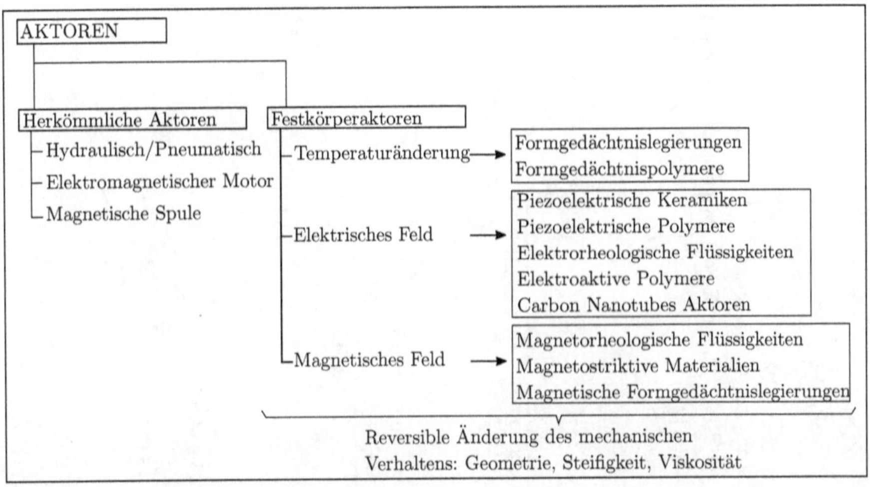

Abb. 3.2 Klassifikation der Aktoren, mit Änderung aus [25] und [30] übernommen

sind. Die Aufheizgeschwindigkeit kann zwar durch elektrische Spannung erhöht werden, aber die Abkühlgeschwindigkeit ist dagegen begrenzt. Normale Methoden wie Luftkühlung sind unter Umständen nicht ausreichend. Dieses Problem kann durch eine Miniaturisierung des FGL-Mechanismus und Maßnahmen zur Verbesserung der Wärmeübertragung gemildert werden [49].

3.2 Der aktorische Effekt von Formgedächtnislegierungen

Die Formgedächtnislegierungen zählen zu den Aktoren und werden als Funktionswerkstoffe bezeichnet, da sie eine thermomechanische Energiewandlung aufweisen. Der FGE entsteht durch eine kristallographisch reversible Umwandlung zwischen Martensit- und Austenitphasen. Formgedächtnis bezeichnet die Eigenschaft der Gestalterinnerung, die in bestimmten Legierungen durch thermische oder mechanische Einwirkung gestartet werden kann [28].

In Abb. 3.3 werden die konventionellen Aktoren (Gleichstrommotor, hydraulische, pneumatische und elektrisch kontrollierte Kraft und Steifigkeitsaktoren – Electrically controlled force and stiffness (ECFS)) mit der FGL verglichen. Der Vergleich wird nach Gewicht und spezifischer Leistung durchgeführt. Es ist auffällig, dass die hydraulischen Aktoren große Leistung erzeugen können. Aber es ist ein Nachteil, dass ein solches System viel wiegt. Im Vergleich dazu weist FGL eine geringe Masse auf und ist in der Lage relativ gesehen eine große Kraft zu erzeugen. Für die Auswahl eines Aktors gibt es unterschiedliche Kriterien, die berücksichtigt werden müssen. Die einfache Einrichtung, der benötigte Bauraum, die Art der Aktivierungsenergie, die Geschwindigkeit der Anregung, die Zuverlässigkeit und die Genauigkeit des Systems und die Haltbarkeit sind entscheidend [50]. Nach diesen

Tab. 3.1 Vergleich der multifunktionalen Materialien

	Material	Energiedichte [J m^{-3}]	Dichte [kg m^{-3}]	Dehnung	Youngscher Modul [GPa]	Reaktionszeit [s]	Aktive Spannung [MPa]	Anregungsart			
								Strom	E-Feld	Magnetisch	Thermisch
Thermisch	Formgedächtnis-legierung	~10^7 [27]	6500 [27]	< 8 % (EWE) < 5 % (ZWE) [31]	70 (Austenit) 30 (Martensit) [27]	s [32]	~300 [27]	x			x
	Formgedächtnis-polymer	~10^5 [27]	1100–1200 [33]	> 400 % [31]	~200–700 [25]	s-min [34]	~1 [27]	x [35]		x [35]	x [25]
Elektrisches Feld	Piezoelektrische Keramik	~10^4 [27]	7800 [25]	~0,1 % [25]	~40–80 [25]	ms [32]	~20 [27]		x [32]		
	Elektrorheologische Flüssigkeiten	~10^3 [32]	~600–2000 [36]	–	–	ms [32]	–		x [37]		
	Elektroaktive Polymere	~10^2 [27]	~1000–2500 [38]	> 300 % [38]	0,02 [39]	µs-min [38]	0,1–40 [38]	x [38]			
	Kohlenstoffnano-röhrenaktoren	–	~1760 [40]	0,8 % [38]	~270–1800 [41, 42]	ms [43]	–	x [43]			
Magnetisches Feld	Magnetorheo-logische Flüssigkeiten	10^5 [32]	~2000–4000 [44]	–	–	ms [32]	–			x [32]	
	Magnetostriktive Materialien	4910 [45]	9250 [46]	0,2 % [47]	29 [45]	µs [32]	~60 [27]			x [32]	
	Magnetische Formgedächtnis-legierungen	~10^5 [27]	8000 [48]	3–5 % [48]	8–20 [48]	ms [27]	~5 [27]			x [27]	

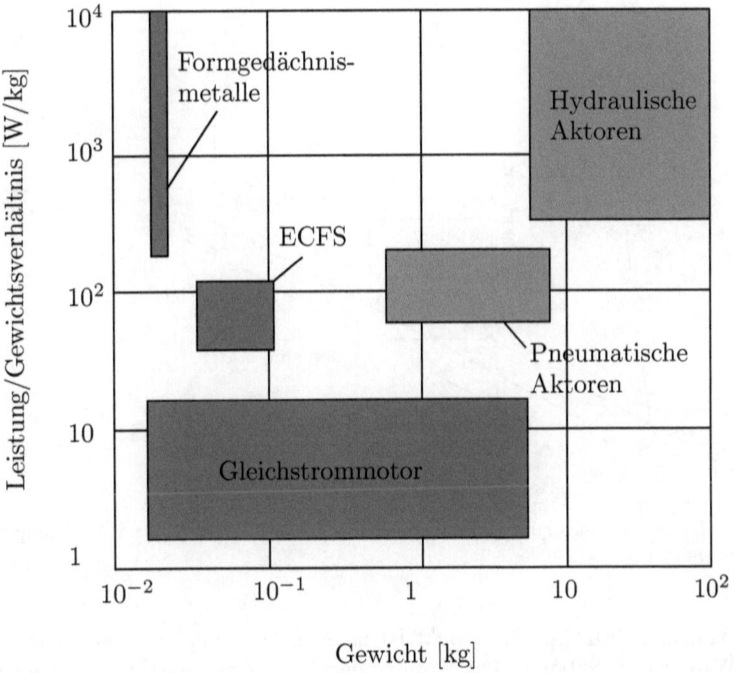

Abb. 3.3 Vergleich der Aktoren nach Gewicht und spezifische Leistung, mit Änderung aus [51]

Kriterien ist es möglich ein energiesparendes und effizientes System anzubieten. Die leichten Aktoren mit hoher Energiedichte erlauben einen Kompromiss innerhalb der oben genannten Kriterien und werden daher in technischen Anwendungen bevorzugt eingesetzt.

3.2.1 *Formgedächtniseffekt*

Der Formgedächtniseffekt (FGE) tritt auf, indem die wegen der mechanischen Belastung verursachte Verformung durch die temperaturbedingte Phasenumwandlung rückgängig gemacht wird. Das mechanische Verhalten von NiTi-Formgedächtnislegierungen ist in Abb. 3.4 grafisch zusammengefasst.

- **Mechanischer Effekt**: Dieser Effekt erfolgt in einem Temperaturbereich zwischen A_f und M_d (Abb. 3.4 -mit grün gezeichnet-). M_d ist die höchste Temperatur, bei der eine Martensitbildung möglich ist. Oberhalb dieser Temperatur wird kein Martensit induziert [52]. Das mikrostrukturelle Gefüge wandelt sich infolge der mechanischen Kraft von Austenit in Martensit um. Der mechanische Effekt (die Superelastizität) wird in der Anwendung als Dämpfungselement verwendet [28].

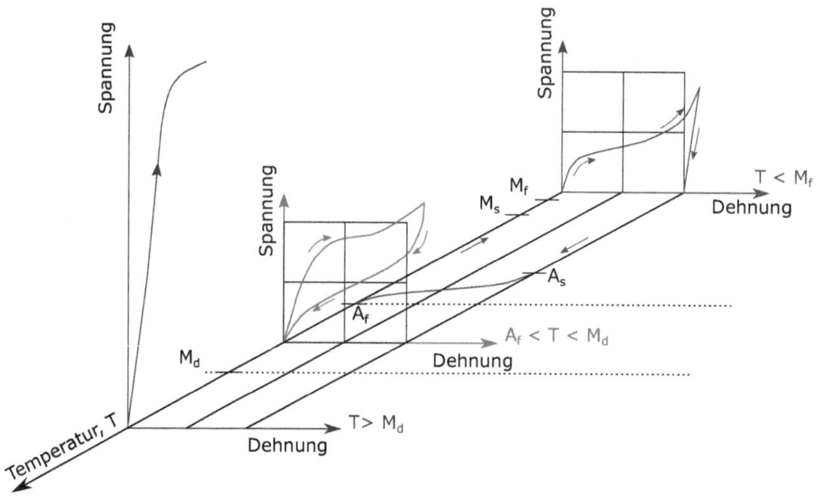

Abb. 3.4 Temperatur abhängige Spannungs-Dehnungsantwort von FGL, mit Änderung aus [52] übernommen

- **Thermischer Effekt**: Der Effekt ist auch als Pseudoplastizität bekannt. Hier ist Wärme die treibende Kraft hinter der Transformation. Am Anfang ist die Temperatur des Objekts unter M_f-Temperatur (Abb. 3.4 -mit blau gezeichnet-). Die Probe wird durch die applizierte Belastung gedehnt. Nach dem Abbau der Spannung wird die Probe erwärmt, und die induzierte Dehnung kehrt zwischen A_s und A_f zurück. Der thermische Effekt wird in Einweg- und Zweiwegeffekt unterteilt, je nachdem, ob die Verformung nur beim Aufheizen oder auch beim Abkühlen auftritt.
- Oberhalb von M_d zeigt die Austenitphase eine plastische Verformung (Abb. 3.4 -violett gezeichnet-).

Die Pseudoplastizität kann in zwei Teileffekte eingeteilt werden. Sie heißen Einweg- und Zweiweg-Effekt. Beim Einweg-Effekt hat der FGL-Teil nur für die Austenitphase eine im Gedächtnis gespeicherte Form. Deswegen hat die Temperaturerhöhung nur Einfluss auf die Verformung des Teils, wenn sich die Mikrostruktur von Martensit zu Austenit ändert. Beim Zweiweg-Effekt hat der FGL-Teil für die beiden Phasen eine gespeicherte Form im intrinsischen Fall. Abb. 3.5 gibt einen Überblick über die FG-Effekte und die Anwendungsbeispiele.

Einweg-Effekt

Abb. 3.6 veranschaulicht den Prozess des Einwegeffekts. Ein Draht aus FGL wird von oben im Versuchsstand befestigt (Abb. 3.6a). Die untere Seite des Drahtes dient zum Anlegen einer Masse oder Last. Die Drahttemperatur wird durch ein Thermoelement gemessen, das in der Mitte des Drahtes angebracht ist.

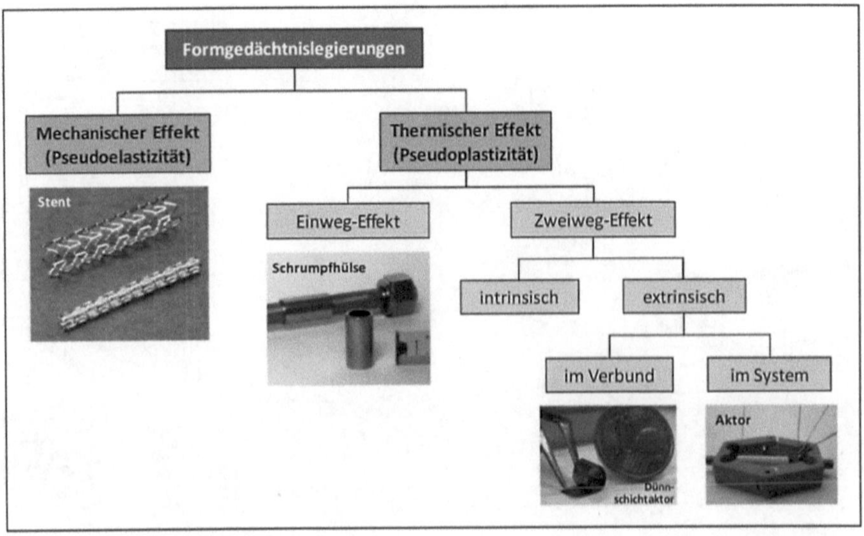

Abb. 3.5 Schematische Einordnung von FG-Effekten [28]

Hier wird die Struktur in der martensitischen Phase belastet, pseudoplastisch verformt und dann entlastet, während die Temperatur noch niedriger als M_f ist. Infolge der Erhöhung der Temperatur bis A_f erhält die Legierung ihre ursprüngliche Form aufgrund der Umwandlung in die austenitische Phase. Das Phänomen wird als Einwegeffekt bezeichnet, da die Formwiederherstellung nur während der Erwärmung erreicht wird, nachdem das Material durch eine angewandte mechanische Belastung entzwillingt wurde [27].

I ist die Ausgangsposition, in der die Legierung kristallographisch eine 100 %ige Martensitphase (Zwillingsstruktur) aufweist. Mit der Anwendung einer Last wird σ_s erreicht, wo die Umwandlung der Mikrostruktur (Entzwillingung) eingeleitet wird. Der Entzwillingungsprozess wird bei einem Spannungsniveau σ_f abgeschlossen, das im Spannungs-Dehnungs-Diagramm durch das Ende des Plateaus gekennzeichnet ist. An dieser Stelle **II** hat die Legierung ein entzwillingtes Mikrogefüge (Abb. 3.6b). An der Stelle ergibt sich die gesamte Dehnung als Summe von thermischen (ε_{th}), pseudoplastischen (ε_{FGE}) und elastischen Dehnungsanteilen ($\varepsilon_{elastisch}$).

Nach [[28], Formel 8.4] gilt:

$$\varepsilon_{gesamt} = \varepsilon_{th} + \varepsilon_{FGE} + \varepsilon_{elastisch} \tag{3.1}$$

Nach der Entlastung zeigt die Struktur ein elastisches Verhalten. Der Dehnungswert liegt bei **III** (Abb. 3.6c), wo die entzwillingte Gefügestruktur erhalten bleibt. Nun wird die Legierung in einer spannungsfreien Umgebung über A_f erhitzt (**IV**, Abb. 3.6d). In diesem Zustand hat die Legierung eine 100 %ige Austenitphase.

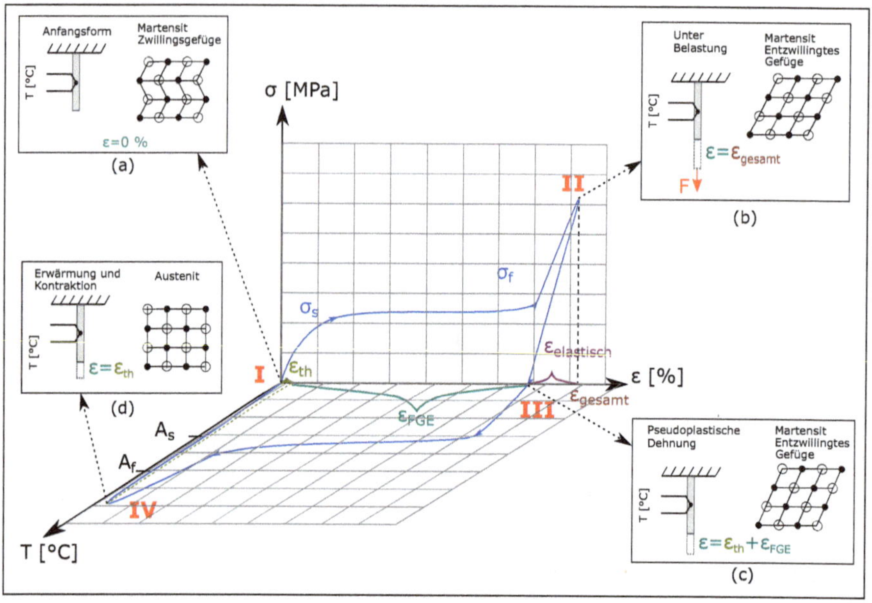

Abb. 3.6 Dehnung-Temperatur-Spannung Verhältnis während des FGEs, mit Änderung aus [25] und [27] übernommen

Die Erwärmung hat die Kontraktion ausgelöst. Daher ist die pseudoplastische Dehnung (ε_{FGE}) nicht mehr präsent. Die Dehnung an diesem Punkt ist nur noch die thermische Dehnung ($\varepsilon_{thermisch}$).

Zweiweg-Effekt

Die zyklische thermische Belastung der FGL führt zu einem wiederholbaren Verhalten. In diesem Fall wird das Material wiederholend thermisch be- und entlastet. Dadurch werden zwei Formen für Tieftemperatur ($T < M_f$) und Hochtemperatur ($T > A_f$) „im Gedächtnis des Materials" gespeichert. Das liegt daran, dass die thermischen Zyklen unter Last nach einer großen Anzahl von Wiederholungen Veränderungen in der Mikrostruktur hervorrufen können. Diese Veränderungen bewirken makroskopisch beobachtbare permanente Verhaltensmodifikationen des Materials [27].

Abb. 3.7a zeigt das Schema des Prüfstands für thermische Zyklen unter konstanter Last. Dieser Prozess ist auch als thermisches Training oder isobares Temperaturzyklusverfahren bekannt. Das Bauteil (z. B. ein Draht) aus FGL steht unter konstanter Belastung, während die Temperatur zwischen A_f und M_f oszilliert. Die Temperatur wird mittels eines Thermoelements gemessen. Der Verlauf für Dehnung und Spannung wird in Abb. 3.7b dargestellt. Es ist zu erkennen, dass das Verhalten

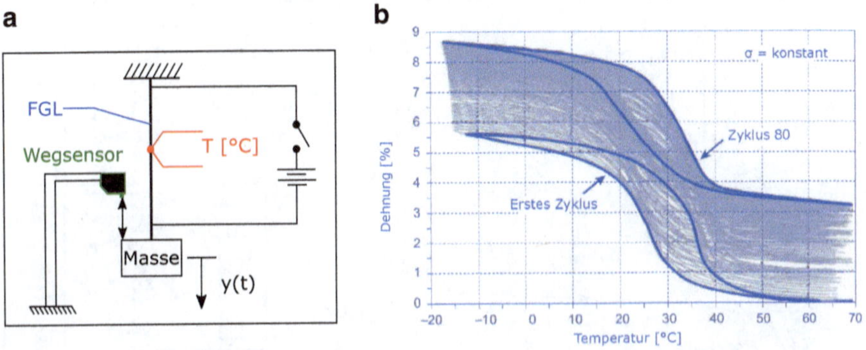

Abb. 3.7 Thermisches Training. (**a**) Skizze des Versuchsstands unter konstante Belastung. (**b**) Thermische Zyklus unter konstante Belastung, mit Änderung aus [27] übernommen

der Hysterese mit mehreren Zyklen eine stabilere Form erreicht. Der so genannte Trainingsprozess bewirkt die Vorwärtstransformation (A→M) durch die inneren Spannungsfelder.

Wenn die äußere Kraft dauerhaft auf die Struktur für die Rückverformung wirkt, wird dies als extrinsischer Zweiwegeffekt bezeichnet. In diesem Fall wird die reversible Formänderung im Prinzip dadurch erreicht, dass der Einweg-Effekt durch eine äußere, verformende Kraft wiederholt wird [28].

Abb. 3.8 zeigt eine Darstellung für das σ-ε-T Diagramm für den extrinsischen Zweiwegeffekt. Am Anfangspunkt (a) ist der FGL Aktor in der Martensitphase. Danach wird der Aktor vorgedehnt und mit einer Rückstellfeder (b) verbunden. Mit der Erwärmung (c) findet die austenitische Umwandlung statt. Jetzt zieht der kontrahierte Aktor an der Rückstellfeder. Mit der Abkühlung (d) erfolgt die martensitische Umwandlung. Da der Aktor mit der Rückstellfeder dauerhaft verbunden bleibt, pendelt die Struktur mit der Aktivierung und Deaktivierung zwischen b-c-d.

Der intrinsische Zweiwegeffekt tritt auf, wenn eine Formveränderung ohne jede äußere Einwirkung reproduziert werden kann. Durch das Aufbringen der inneren Spannungsfelder auf das Material erfolgt der intrinsiche Zweiwegeffekt (Abb. 3.9). Die Darstellung zeigt eine Feder, die sich zwischen M_f und A_f kontrahiert und ausdehnt.

3.2.2 *FGL als Aktor im Enteisungskonzept*

Der folgende Unterabschnitt befasst sich mit den Fragen:

- Auswahl der Belastung des FGL-Teils
- Bestimmung des Vordehnungswertes und
- Anwendung des angemessenen FGEs

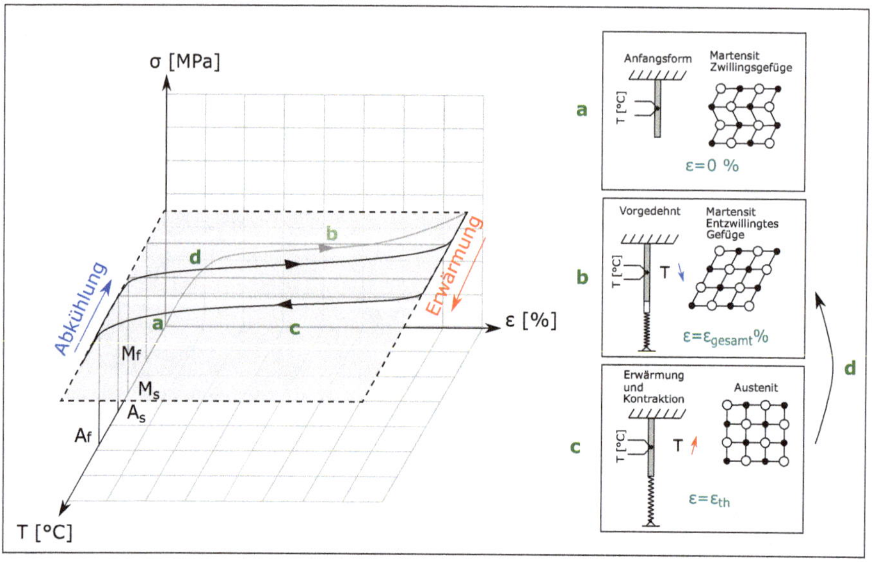

Abb. 3.8 Thermomechanisches Verhalten beim extrinsischen Zweiwegeffekt, mit Änderung aus [28] übernommen

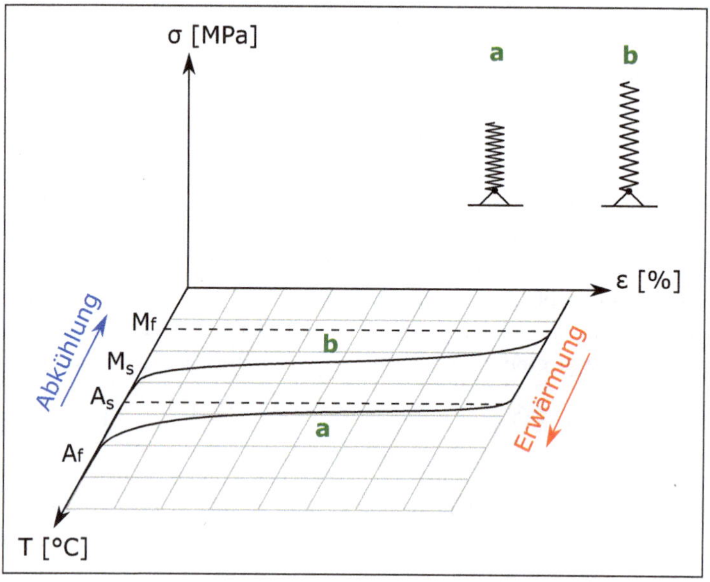

Abb. 3.9 Thermomechanisches Verhalten beim, mit Änderung aus [53] übernommen

Nach dem Enteisungskonzept mit FGL als Aktor soll der ringförmige FGL-Draht das Elastomer verformen. Während der Aktivierung zieht sich der Draht zusammen, wodurch eine Zugspannung ausgelöst wird. Die Zugspannung als Last in FGL ist vorteilhaft, weil diese Art von Last eine höhere Energiedichte und Effizienz laut den Forschungsergebnissen von Reynaerts et al. (Tab. 3.2) bringt. Die Werte in dieser Tabelle basieren auf einer rein elastischen Verformung, die nur eine grobe Schätzung zum Vergleich der drei Lastfälle ist. Für dieses Szenario beträgt der maximale theoretische Wirkungsgrad des Carnot-Zyklus 9,9 % für die Transformationstemperaturen M_f = 45 °C und A_f = 80 °C [54].

Der Draht soll vor dem Zusammenbau eine Vordehnung aufweisen, die sich auf die Wiederholbarkeit der Drahtfunktion und damit auf das Konzept auswirkt. Die Zusammenhänge zwischen Vordehnung und Wiederholbarkeit sind in Tab. 3.3 aufgelistet. Je höher die Vordehnung, desto schwieriger ist es für den Draht, nach mehreren Zyklen wieder den gleichen Dehnungswert zu erreichen. Als Beispiel soll eine 8 %ige Vordehnung dienen, die zeigt, dass der Transformationszyklus unter optimalen Bedingungen einmal reversibel durchlaufen werden kann. Da die FGL als Aktor dient, d. h. der Draht für wiederholten Einsatz vorgesehen ist, werden geringere Dehnungen bevorzugt, mit dem Ziel, die Ermüdungslebensdauer zu erhöhen und die plastische Dehnungsentwicklung zu verringern [27]. Aus diesen Gründen wird 4 % Vordehnung als optimal für das Funktionsmodell entschieden.

Durch das Training bildet sich der intrinsische Zweiwegeffekt im Draht aus. Die Federkraft des Elastomermaterials hat nun eine unterstützende Funktion als extrinsischer Effekt für den Ring. Abb. 3.10 illustriert den thermomechanischen Verlauf nach dem extrinsischen Effekt.

Am Ende von Kurve (I) hat der Draht eine Vordehnung. In diesem Zustand ist er in das Elastomer eingebettet. Mit der Temperaturerhöhung (II) hat die FGL 100 % Austenitphase und dominiert gegenüber dem Elastomer. Das FGL-Elastomer-Verhältnis wird mit einem Federmodell vereinfacht. Im Modell ist ersichtlich, dass die Federkraft überwunden wird, wenn der Draht aktiviert wird. Der Druck des Rings führt in dem Funktionsmuster zu einer Oberflächenverformung.

Tab. 3.2 Vergleich der unterschiedlichen Last für FGL-Aktoren [55]

Konfiguration der Last	Effizienz des Aktors [%]	Energiedichte [$J\,kg^{-1}$]
(Carnot)	9,9	–
Zugspannung	1,3	446
Torsion	0,23	82
Biegung	0,013	4,6

Tab. 3.3 Erreichbare Anzahl von reversiblen Transformationszyklen bezogen auf maximale Dehnung [25]

Zykluszahl	Maximale Dehnung
10^0	8 %
10^2	6 %
10^5	4 %

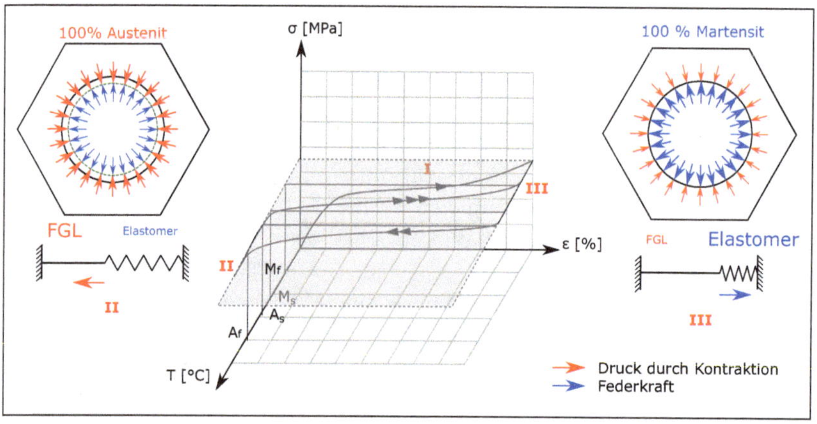

Abb. 3.10 Extrinsischer Zweiwegeffekt im Funktionsmuster

Mit der Abkühlung (III) wird diesmal das Elastomer aktiv. Die Zugkraft des Aktors kann die Federkraft nicht mehr überwinden, weil die FGL 100 % Martensitphase hat. Infolgedessen beginnen sich der Draht und die Oberfläche des Funktionsmusters zurück zu verformen. Die wiederholten Zyklen bringen die FGL dazu, zwischen II und III zu oszillieren.

3.3 Zusammenfassung

In diesem Kapitel wurde eine Klassifizierung sowohl für konventionelle als auch für Festkörperaktoren vorgenommen. Die Festkörperaktoren wurden dann in einer Tabelle nach ihren Aktivierungsmethoden klassifiziert. Anschließend wurde die Funktion von Formgedächtnislegierungen als Aktoren erläutert. Nachfolgend wurden die für das Konzept relevanten Formgedächtniseffekte umfassend erläutert, unter anderem die Einweg- und Zweiweg-Effekte. Schließlich konzentrierte sich die Diskussion auf die Integration des FGL-Aktors in das Enteisungskonzept.

Kapitel 4
Enteisungssysteme mit Formgedächtnislegierungen

> „Wenn ich weiter sehen konnte, so deshalb, weil ich auf den Schultern von Riesen stand.“
>
> — Isaac Newton

Dieses Kapitel geht auf die Literaturlage zur Enteisung mit FGL ein. Die Nutzung des Formgedächtniseffekt (FGE)s wird anhand von Anwendungsfällen von Hubschraubern und Flugzeugen erläutert. Neben der Nutzung des Effekts wird auch ausgeführt, inwieweit die Konzepte von der Idee in die Praxis übertragen und experimentell getestet wurden. Die Reihenfolge der angegebenen Literaturzitate ist chronologisch geordnet.

4.1 Stand der Technik

Gerardi et al. aus Innovatic Dynamics haben 1995 ihre Untersuchungen über die Enteisungskonzepte für das Rotorblatt von Hubschraubern veröffentlicht. Beide berichteten Entwürfe basieren auf einer FGL-Folie, die durch die Kontraktion eine mechanische Spannung auf der aerodynamischen Oberfläche erzeugt. Daraus folgt die Ablösung der Eisschicht. In Abb. 4.1 wird der Enteisungsmechanismus an der Vorderkante des Profils dargestellt.

Da NiTi erosions- und korrosionsbeständig ist, wird das Konzept so entwickelt, dass die Vorderkante aus NiTi besteht. Auf diese Weise verhindert die Folie die Stoßwirkung von Fremdkörpern bzw. Wassertröpfchen und ermöglicht ein haltbares Enteisungssystem. In der Arbeit werden zwei unterschiedliche FGL-Mechanismen betrachtet, die als Enteisungssystem entwickelt wurden. Abb. 4.2

O. Tamer, *Thermo-mechanisches Enteisungssystem auf Basis von Formgedächtnislegierungen*, Mechanics and Adaptronics,
https://doi.org/10.1007/978-3-662-69337-7_4

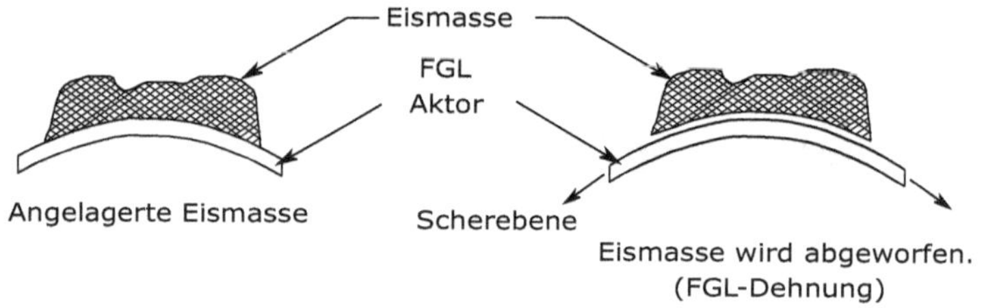

Abb. 4.1 Ausdehnung der FGL, mit Änderung aus [56] übernommen

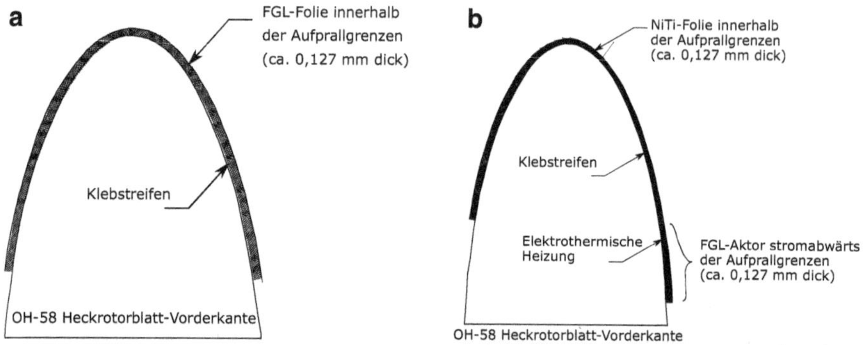

Abb. 4.2 Skizzen für das Querschnittbild der Enteisungssysteme, mit Änderung aus [56] übernommen. (**a**) passiv. (**b**) aktiv

zeigt diese Mechanismen. Auf der linken Seite der Abbildung ist die Querschnittzeichnung für das passiv angetriebene FGL-System und auf der rechten Seite das aktiv angetriebene System dargestellt.

Beide Enteiser lassen eine dünne Eisschicht an der Oberfläche anhaften, brechen dann die Eishaftung durch Expansion/Kontraktion und werfen das Eis in den Luftstrom. Der Unterschied zwischen dem aktiven und dem passiven System besteht darin, dass die vom passiven System benötigte Energie durch die bei der Eisbildung freigesetzte Wärme geliefert wird. Die FGL-Schicht wird an der Vorderkante montiert und leistet die Enteisungsbewegung durch Ausdehnung und Kontraktion.

Auf der rechten Seite der Abb. 4.2 wird das zweite Modell dargestellt. Diese Variante wird als aktiv angetriebenes FGL-System bezeichnet, weil ein FGL-Aktor an der hinteren Seite der Vereisungsfläche positioniert ist. Nach der Eisakkumulation wird der FGL-Aktor erwärmt und daraus folgend beginnt die NiTi-Folie zu ziehen, die an der Vorderkante des Profils ist. Das führt zur Scherung und Trennung der Eisschicht auf der Kontaktfläche. Die Autoren berichten, dass die Ergebnisse der Tests im Vereisungstunnel die Machbarkeit einer Eisablösung durch einen horizontalen Schermechanismus von weniger als 0,2 % Oberflächendehnung gezeigt haben.

Abb. 4.3 zeigt ein Rotorblatt mit einer Folie aus FGL an der Vorderkante. An der freien Seite des Rotorblattes, auf der sich FGL-Folie befindet, wird die Eisakku-

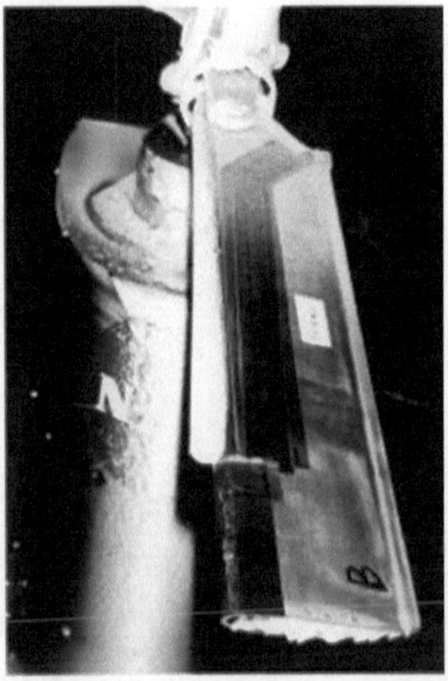

Abb. 4.3 FGL-Enteisung für Rotorblatt [57], mit freundlicher Genehmigung von *NASA STI Information Desk*

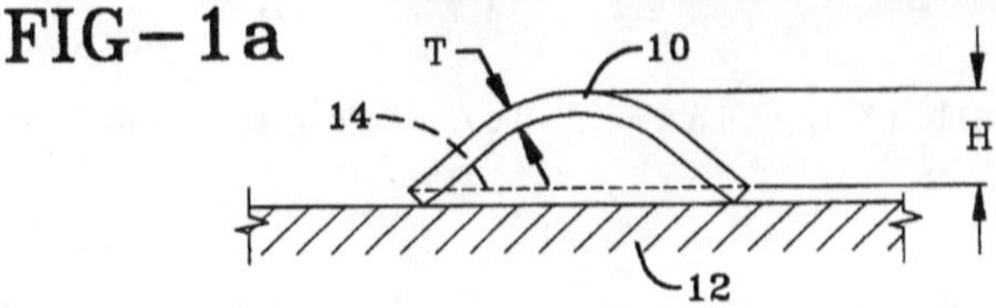

Abb. 4.4 Profil der FGL-Vorrichtung nach [58]

mulation entfernt. Der aktiv angetriebene Enteiser wurde Anfang 1995 im National Aeronautics and Space Administration (NASA) Lewis Icing Research Tunnel auf einer angetriebenen rotierenden Plattform getestet [57]. Das System erwies sich als vielversprechend und enteiste sowohl Rau- als auch Glatteisansammlungen, die bis zu 3.175 mm dick waren.

Der Erfinder Lowell J. Adams [58] patentierte 1996 ein mechanisches Enteisungssystem mit FGL für Tragflügel. Im Entwurf enthält die Außenhülle der Tragfläche Teile aus FGL, die sich mit der Erwärmung durch Strom (direkt) oder elektrische Heizung (indirekt) verformen. Durch die Verformung kommt es zu einer Beulung der äußeren Schale, was zu einer Delaminierung der Eisschicht führt.

In Abb. 4.4 wird der Querschnitt des FGL-Profils nach der Temperaturerhöhung dargestellt. In diesem Konzept befindet sich die FGL (14) mit einer Dicke von T auf einer Trägerschicht (12). Ein Hochstromimpuls mit einer schnellen Anstiegs- und Abfallzeit erwärmt das Element durch die kurze Dauer der Stromversorgung oberhalb seiner Umwandlungstemperatur. Aufgrund der Temperaturänderung ändert sich die Form des Elementes (10) und gewinnt eine Auslenkung in Höhe von Betrag H.

In Abb. 4.5 werden die Fragmente der Querschnittansicht für das Enteisungssystem dargestellt. In der Darstellung gibt es eine äußere Schicht (312) aus dem Material für Erosionsschutz z. B. Polyurethan, Neopren oder aus der Metallfolie mit

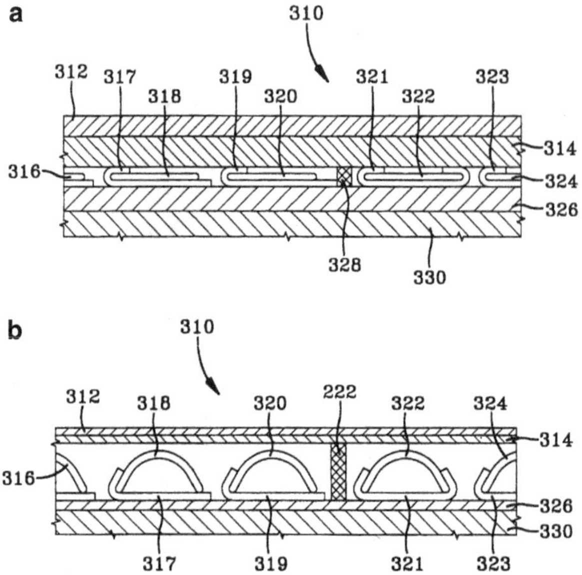

Abb. 4.5 Querschnittbild für die Anwendung der FGL nach [58]. (**a**) FGL ist inaktiv. (**b**) FGL ist aktiv

hoher Elastizität (gummiartiges Verformungsverhalten) oder aus einer elastischen thermoplastischen Schicht z. B. Polyetheretherketon (PEEK). Unter der Schicht 312 befindet sich duroplastisches Harz (314). Die Teile mit der Nummer 318, 320, 322, 324 sind die FGL-Elemente. Die Teile 317, 319, 321 und 323 halten die FGL-Elemente und sind auf der unteren Schicht 326 befestigt. 326 ist ein plastisches Komposit [58].

Die Erfinder Richard B. Ingram et al. halten ein Patent für ein Enteisungskonzept mit FGL. In Abb. 4.6 wird der Mechanismus des Enteisungssytems dargestellt. Gemäß ihrem Patent wird eine FGL-Folie (310) auf dem Flügel verwendet, an dem die Eisschicht entfernt werden sollte. Damit die Vereisung auf der Oberfläche abgeworfen werden kann, wird eine FGL als Aktor (300) verwendet.

In diesem Fall wird die Folie (310), die anfällig für Vereisung ist, vom Aktor auf die obere Seite der Vorderkante gezogen und ausgedehnt. An dieser Stelle erzeugt die FGL-Schicht eine Kombination aus Kraft und Auslenkung zum Enteisen. Die latente Wärme durch die Flüssig-Fest-Phasenumwandlung des Eises (Umwandlungsenthalpie) hilft bei der Aktivierung der FGL. Die bei der Vereisung freigesetzte latente Wärme kann die Oberflächentemperatur um mehr als 4 °C erhöhen. Bei einem solchen passiven Design wird die Umwandlungstemperatur bewusst so gewählt, dass sie mit dem Vereisungstemperaturbereich übereinstimmt, und zwar im Bereich zwischen −23 °C und 4 °C. [59]. Im Falle von unzureichender latenter Wärme kann eine elektrische Heizungsschicht (330) die Aktivierungsleistung ergänzen. Der Aktor (300) wird an der Oberseite des Flügels positioniert, wo die FGL-Folie

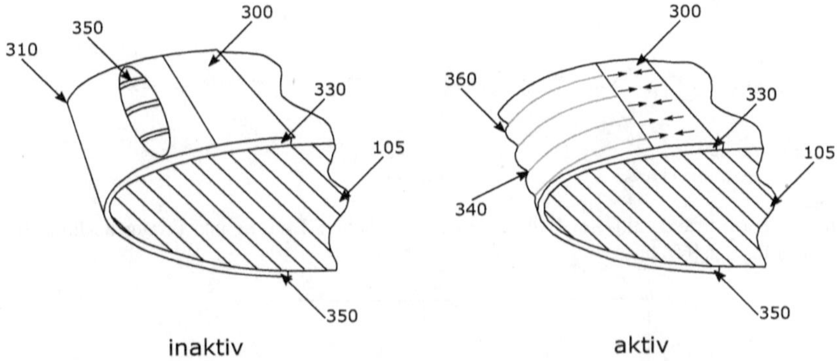

Abb. 4.6 Anwendung der FGL zur Enteisung, mit Änderung aus [59] übernommen

(310) ihren Rand hat, und wird von einem elektro-thermischen Heizungsstreifen (330) aktiviert. Nach Erreichen der Aktivierungstemperatur wird der FGL-Aktor 300 zum Ziehen und Strecken der FGL-Folie 310 verwendet. Mit der Aktivierung kontrahiert die Folie (Abb. 4.5-aktiv). Unter der FGL-Folie befindet sich die Rippenstruktur (350). Durch die Kontraktion wird die Folie in die freien Räume zwischen den Rippenteile gezogen, wodurch die Wellenform entsteht. Aus diesem Grund entsteht die rippenförmige Oberfläche (360) mit Gruben auf der Vorderkante. Durch die entstandenen Gruben wird der Kontakt zwischen Eis und Oberfläche vermindert. Die aerodynamische Belastung oder die Windgeschwindigkeit in der Luft entfernt die Eisschicht, die durch Oberflächenverformung den Kontakt mit der Vorderkante verloren hat [59].

Ein FGL-Draht zum Enteisen der Vorderkante wurde von Myose et al. [60] entwickelt. In ihrer Forschung wurden die Nitinoldrähte auf eine einzige Lage Glasfaser mit Epoxidharz vorimprägnierte Glasfaser gewickelt. Auf diese Schicht wurde dann eine weitere Lage Glasfaser-Prepreg aufgetragen. Die Form des Kompositmaterials ist halbzylindrisch. Ziel ist es, mit einer solchen Form die Vorderkante eines Flugzeugflügels grob abbilden zu können. Abb. 4.7 enthält Darstellungen des Funktionsprinzips des Konzepts auf Basis verschiedener FGEs. Dank der erwärmten Drähte zieht sich die vordere Seite der Form nach innen (Abb. 4.7a). Diese Verformung erfolgt im Zuge des Trainingsprozesses. Für den Nitinoldraht bedeutet der Trainingsprozess eine Kontraktion in der Länge des Drahtes. Nach dem Training soll das Nitinol einen Einweg-Effekt (Abb. 4.7b) haben. In diesem Fall bewahrt der Draht seine Hochtemperaturform, obwohl der Draht abkühlt. Zur Rückkehr in die Ausgangsform muss eine Kraft aufgebracht werden, um das Nitinol zu verformen, was dem Fall des Zweiwegeffekts (Abb. 4.7c) entspricht.

Abb. 4.8 zeigt den Versuchsstand für Enteisungstests. Die FGL-Drähte sind in der Oberfläche des Halbzylinders eingebettet. Die Aktivierung der Drähte erfolgt durch elektrische Spannung. Der Versuch findet in einer Tiefkühltruhe statt. Zur Eisakkumulation wird destilliertes Wasser mit einem Druck von 4 bar auf die Enteisungsvorrichtung gesprüht. Aufgrund des experimentellen Aufbaus ist die

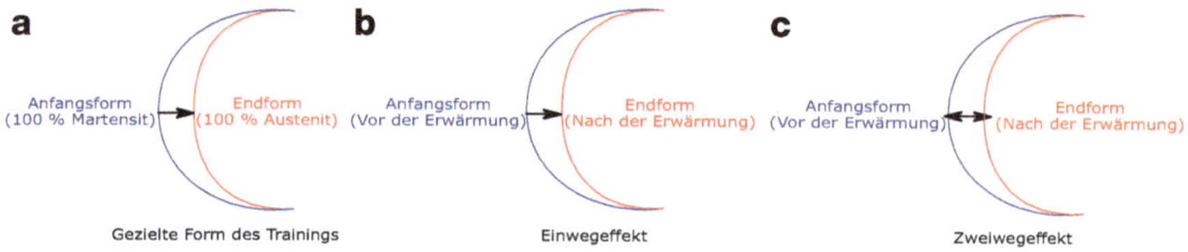

Abb. 4.7 Formveränderung im Zylinder auf der Basis von Training und Formgedächtniseffekt, mit Änderung aus [60] übernommen

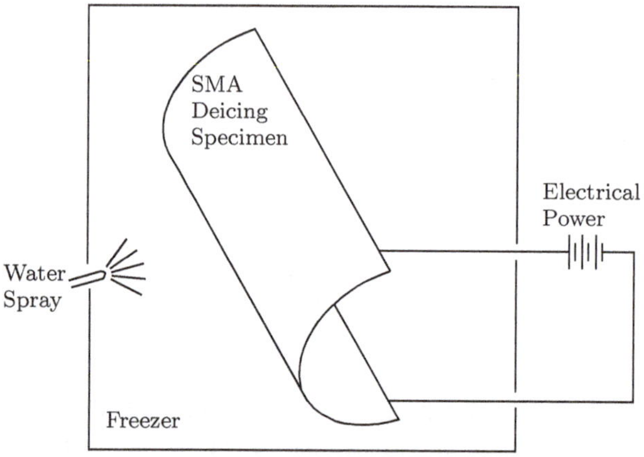

Abb. 4.8 Versuchsstand für statische Vereisung [60]

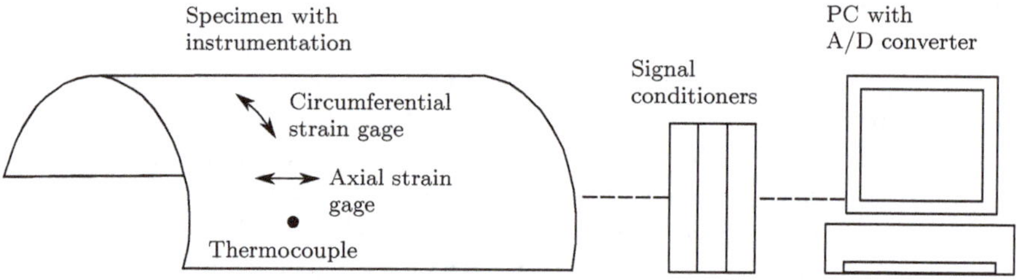

Abb. 4.9 Probeausstattung beim Versuchsstand [60]

Eisverteilung auf der Oberfläche nicht gleichmäßig. Die resultierende übliche Eisschicht war in der Mitte etwa 6 mm dick und an den oberen und unteren Punkten in Umfangsrichtung etwa 3 mm dick.

In Abb. 4.9 wird die Ausstattung des Enteisungssystems, das für die Prüfung unter zyklischer Belastung überprüft wurde, dargestellt. Für die Messung der Dehnungen in Umfangs- und axialer Richtung wurden Dehnungsmessstreifen (DMS) (engl. *strain gage*) angebracht. Damit die Oberflächentemperatur gemessen werden konnte, wurde die Probe mit einem Thermoelement (*thermocouple*) ausgestattet. Diese Instrumente messen die Oberflächendehnung in zwei Richtungen und gleichzeitig die Temperaturänderung.

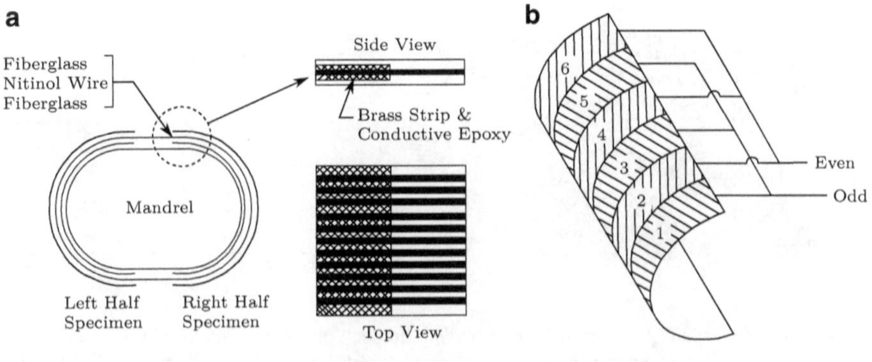

Abb. 4.10 Probearten für Enteisung [60]. (**a**) Filamentbobine. (**b**) Aktivierungssystem

In Abb. 4.10 werden von Myose et al. zwei unterschiedliche Einbettungsformen der FGL-Drähte dargestellt. Zuerst wurde die Probe Abb. 4.10a überprüft. Ein elektrischer Strom von 10 A bis 20 A mit 120 V Wechselspannung wurde für ein paar Sekunden auf 120 Nitinol Drähte angewendet. Obwohl das Eis zusammen mit einer gewissen Wärmeentwicklung erfolgreich abgeworfen wurde, wurde das Matrixmaterial wegen der Hitze dauerhaft zerstört. Es liegen keine Informationen über die Temperaturänderung für dieses Konzept vor. Für die Reduzierung der elektrischen Leistung wurde die zweite Form (Abb. 4.10b) entwickelt. In dieser Version besteht die Oberfläche aus sechs Abteilungen, die unabhängig von den anderen angeregt werden können. Für die Enteisung mit dieser Probe werden 8 V Wechselspannung und 16 A Strom benötigt. Die Enteisung war unter diesen Eingangsbedingungen zwar erfolgreich, aber der Prozess dauerte länger als die erste Version. Am Anfang, wenn die Dehnungswerte null sind, zeigt das Thermoelement etwa 26 °C an. Bei einer Dehnung der Oberfläche um 0,2 % steigt die Temperatur auf ungefähr 60 °C. Diese Ergebnisse machen es unklar, wie der thermische Effekt hauptsächlich zur Entfernung der Eisschicht beigetragen hat. Dennoch gab es neben dem Vorteil des reduzierten Energieverbrauchs auch eine geringere permanente Zerstörung des Kompositteils, der sich um einige der Drähte herum befand.

Pinto et al. [61] berichten von einem multifunktionalen Kompositwerkstoff mit FGL für die Zustandsüberwachung (*structural health monitoring*). Aufgrund ihrer besonderen Struktur, in der die FGL eingebettet ist, haben die Verbundwerkstoffe (T800 Kohlenfaser mit M21 Prepreg) wichtige Eigenschaften gezeigt, die sowohl für Enteisungs- als auch für Eisverhütungsanwendungen (SMArt-De-Icing) genutzt werden können. Mit der FGL kann die Verbundstruktur dazu verwendet werden, die Temperatur bestimmter Teile der Struktur, an denen die Gefahr der Eisbildung entsteht, mit geringem Stromverbrauch schnell zu erhöhen. Auf diese Weise wird der Zustand der Strukturen unter Verwendung eines multifunktionalen Materials bewertet.

Abb. 4.11a zeigt den Teststand des Funktionsmusters von Pinto et al., der mit einer Wärmebildkamera aufgenommen wurde. Das eingebettete Drahtnetz im

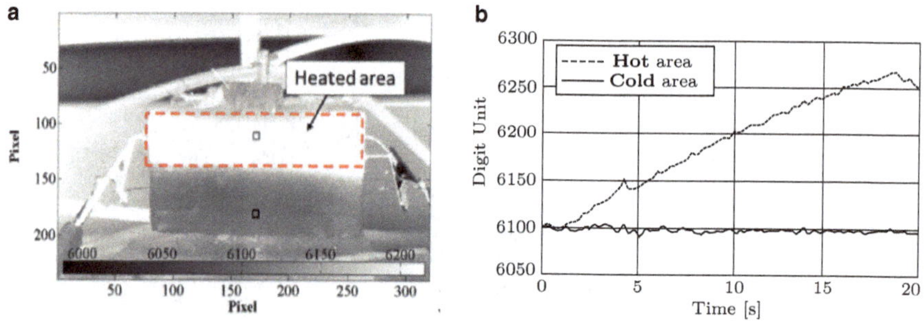

Abb. 4.11 Zeitverläufe (als *digital unit*) für den „heißen“ und den „kalten“ Bereich der Probe [61]. (**a**) Wärmebildkameraaufnahme der erwärmten Oberfläche (0,5 A–0,1 V für 20 s). (**b**) Temperaturverlauf für den erwärmten und nicht erwärmten Bereich

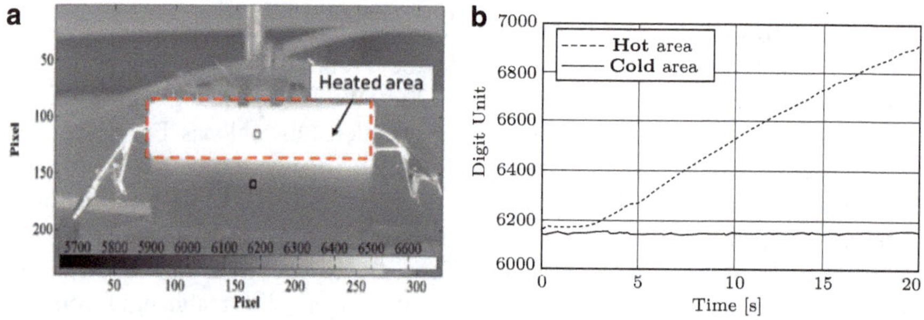

Abb. 4.12 Zeitverläufe (als *digital unit*) für den „heißen“ und den „kalten“ Bereich der Probe [61]. (**a**) Wärmebildkameraaufnahme der erwärmten Oberfläche (1 A–1,1 V für 20 s). (**b**) Temperaturverlauf für den erwärmten und nicht erwärmten Bereich

oberen Teil der Probe wurde an eine Stromversorgung mit Krokodilklemmen angeschlossen, während der untere Teil dann absichtlich „kalt“ gelassen wurde, um einen Vergleich zwischen den Temperaturen der beiden Teile zu erstellen. 0,5 A und 0,1 V werden für die Aktivierung des Drahts in diesem Test für 20 s appliziert. Die Temperaturempfindlichkeit der Kamera beträgt 30 mK, so dass es möglich ist, die Temperaturschwankung um 5.5 °C zu messen. Abb. 4.11b zeigt den temporalen Vergleich zwischen dem kalten und dem beheizten Bereich.

Abb. 4.12a und b zeigen die Testergebnisse für den Fall, dass 1 A und 1,1 V für 20 s appliziert werden. Bei diesem Test wird der untere Bereich absichtlich nicht mit erwärmt. Hier erreicht die Temperatur etwa 24 °C. Unter Berücksichtigung der Annahme, dass die Eisbildung bei einer statischen Lufttemperatur von −20 °C bis 2 °C stattfindet, finden die Autoren den Temperaturanstieg von 24 °C ausreichend, um die Eisschicht zum Schmelzen zu bringen.

Wie Pinto et al. in ihrer Untersuchung nachweisen, kann die Temperaturänderung durch Erhöhung der an die FGL-Drähte angelegten Spannung oder durch Anpassung des Zeitfensters der Stromerregung verbessert werden. Es ermöglicht

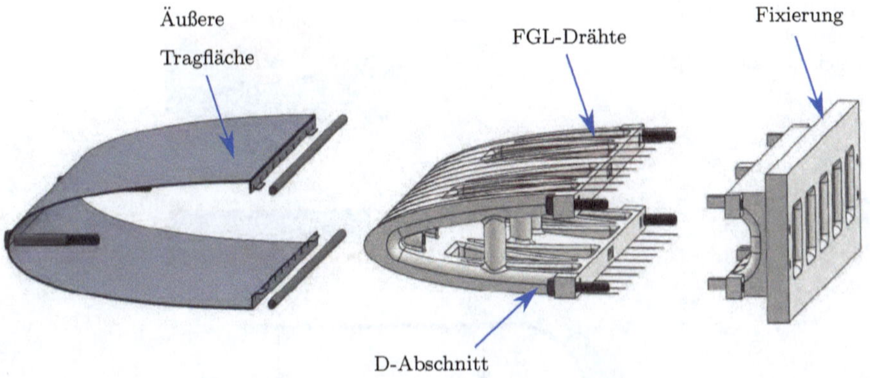

Abb. 4.13 Zusammenbau des Prototyps [62]

dem System eine hohe Aktivierungsflexibilität für diverse Umgebungsbedingungen. Die Autoren schlagen vor, dass ein niedriger Strom (zwischen 0,1 und 0,5 A) innerhalb der Proben erzeugt werden kann, um Eisakkumulation zu vermeiden. Andererseits können höhere Stromwerte (1 A oder mehr) im gleichen System für Enteisungsanwendungen verwendet werden, wodurch Eis geschmolzen werden kann.

In der Arbeit von Righi et al. [62] wird die Realisierbarkeit eines FGL-basierten Enteisungssystems untersucht. Ein dünnes Aluminiumblech, das die Form der Vorderkante (NACA 0012-Profil) hat, wird mit dünnen FGL-Drähten verbunden. Abb. 4.13 zeigt eine Skizze für die demontierte Flügelvorderkante, die von Righi et al. entwickelt wurde. Die FGL-Drähte befinden sich unter der Außenfläche auf einer Struktur (D-Abschnitt), die mit einem 3D-Drucker aus Kunststoff hergestellt wird. Die Drähte werden mit dem hinteren Teil der Aluminiumtragfläche durch Schrauben verbunden. Auf diese Weise ermöglicht die Kontraktion der Drähte die Verformung der Aluminiumschicht während der Phasentransformation von Martensit zu Austenit. Außenflügel und Drahtträger werden an der Fixierung (Abb. 4.13) befestigt. Wenn die Drähte aktiviert werden, soll die verformte Vorderkante von der Drahtfixierung in Richtung Vorderkante ziehen und die Eisschicht brechen.

Es wurden zwei verschiedene Aluminiumbleche (3003 und 6061-Legierung) mit jeweils vier und sechs Drähten verwendet. Obwohl für die Konfigurationen keine Daten während der Enteisungstests gesammelt wurden, ergaben qualitative Beobachtungen, dass sich das 3003-Blech (dünn) stärker verformte als das 6061-Blech (dick).

In der Studie von Liu et al. [63] wird über die numerische Untersuchung des Enteisungskonzepts für ein Vorderkante mit FGL-Folie berichtet. Das Enteisungskonzept hat vier Komponenten: FGL-Folie (SMA-Sheet), Silikonpad, Trägerteil (Base) und Heizelement (Abb. 4.14). Auf der Vereisungsfläche darf sich Eis bilden, dann zieht sich der Aktor zusammen, wenn er durch die Heizelemente aktiviert wird. Die Vereisungsfläche dehnt sich und schert das anhaftende Eis ab. Der Aktivie-

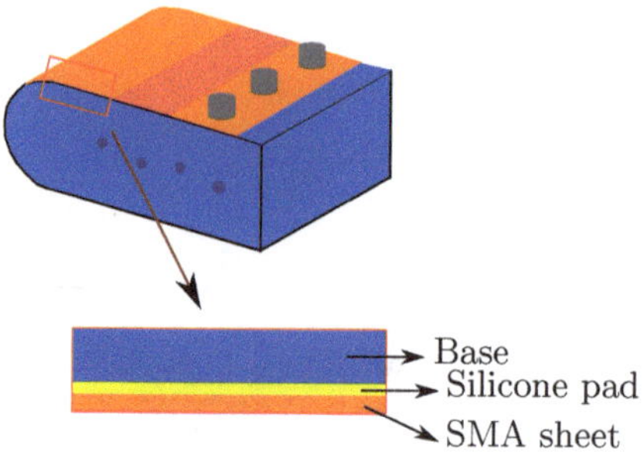

Abb. 4.14 Skizze des untersuchten Enteisungskonzepts [63]

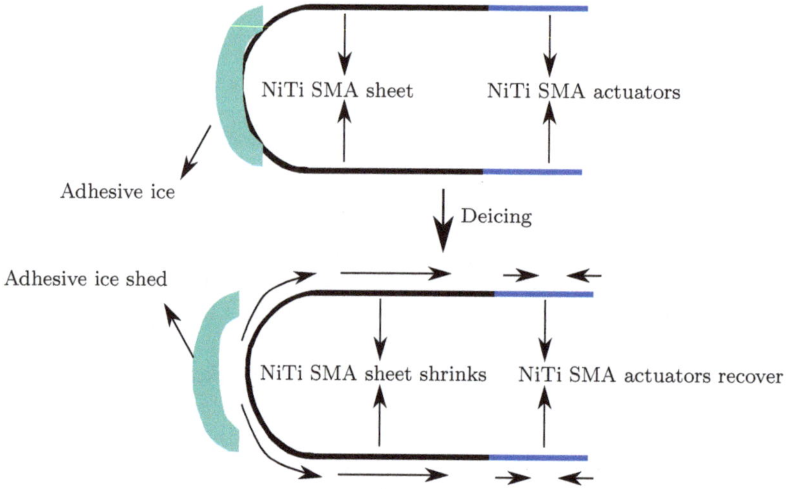

Abb. 4.15 Skizze des Funktionsprinzips [56, 63]

rungstemperaturbereich für FGL ist von 50 °C bis 70 °C eingestellt, so dass eine Selbstaktivierung des FGL-Blechs wegen der Umgebungstemperatur vermieden wird. Auf diese Weise wird das Blech unter eisigen Bedingungen zyklisch aktiviert.

Im Prinzip wird der Eisabtrag vom Hubschrauberblatt durch das Zusammenwirken der Scherspannung zwischen Eis und Profiloberfläche und der aerodynamischen Belastung oder der Windstärke erreicht, wie für die Flügelvorderkante diskutiert wurde. Die schematische Darstellung des Konzepts für den Enteisungsvorgang ist in Abb. 4.15 dargestellt. Eine Eisschicht sammelt sich auf der Frontfläche. Obwohl die Vorderseite aus FGL besteht, wird sie nur zur mechanischen Verformung verwendet, um die Eisschicht zu entfernen. Dann wird der FGL-Aktor aktiviert, um die vereiste Frontfläche zu ziehen. Wenn die von der Platte erzeugten Kräfte die Adhäsionsfestigkeit des Eises übersteigen, löst sich das Eis von der Oberfläche ab.

Der Einfluss der Blechdicke auf die Enteisungsrate wird in der Studie berücksichtigt. Die Enteisungsrate beträgt 100 %, wenn die Blechdicke 0,15 mm beträgt.

Wenn die Dicke auf 0,5 mm zunimmt, sinkt die Enteisungsrate auf 61,1 %. Die Autoren kommen zu dem Ergebnis, dass die Blechdicke die Enteisungsrate stark beeinflusst. Daher empfehlen sie dünnes FGL-Blech bei der Konstruktion des FGL-Enteisers. Wie die Arbeit von Gerardi et al. [56] gezeigt hat, kann FGL-Material eine maximale Lebensdauer mit einer Vordehnung von 4 % erreichen. Daher verwenden die Autoren den Vordehnungswert als Referenz für die Aktivierung in der Simulation.

Die bisher beschriebenen Enteisungssysteme auf Basis von FGL bieten entweder nur eine mechanische Lösung oder eine thermische Lösung für die Ansammlung von Eis. Eine Ausnahme bildet das Enteisungskonzept von Institut für Adaptronik und Funktionsintegration (IAF) und Deutsches Zentrum für Luft- und Raumfahrt (DLR). Denn dieses Konzept erzeugt einen mechanischen Effekt durch ein Elastomer, das neben der Rückgewinnung der Ringform auch für die Verteilung der Wärme durch Drahtaktivierung (thermischer Effekt) verantwortlich ist.

4.2 Evaluierung bisheriger Enteisungssysteme mit FGL

Wie in diesem Kapitel besprochen, gibt es nur wenige Forscher, die über ihre Enteisungsdesigns zur Anwendung von FGL in der Luftfahrt berichtet haben. Tab. 4.1 fasst die Entwürfe nach Anwendungsgebiet, Wirkungsweise und Versuchsparametern zusammen. Die Forscher haben mit ihren Konzepten, die sich auf die Vorderkante des Flügels, eines Rotorblattes oder eine Fläche konzentriert und verschiedene Lösungen für die Eisansammlung angeboten. Nach dem Anwendungsgebiet ist das Arbeitsprinzip das zweite Unterscheidungsmerkmal in der Tabelle.

Die untersuchten Konzepte zeigen, dass die FGL entweder wegen ihrer mechanischen Wirkung oder wegen ihrer thermischen Wirkung eingesetzt wird. Nur eine begrenzte Anzahl von Funktionsmustern wurde unter den Bedingungen der Vereisung und der aerodynamischen Belastung getestet. In dieser Dissertation wird ein neuartiges Konzept für ein thermomechanisches Enteisungssystem mit FGL vorgestellt. Das Konzept nutzt sowohl den Temperaturanstieg des Drahtes als auch die Kontraktion des Drahtes bei Aktivierung, um die Oberfläche zu enteisen. Die Nutzung der mechanischen Wirkung für die Oberflächenverformung gleicht dieses neue Konzept den zuvor beschriebenen Methoden an. Was dieses Konzept jedoch von anderen unterscheidet, ist die Hybridfunktionalität des Drahtes selbst. Im Gegensatz zu anderen Systemen, die für die FGL-Verformung zusätzliche Komponenten wie Heizelemente angewiesen sind, verfügt die FGL über die Fähigkeit, die Verformung und Wärme durch ihre eigene Aktivierung in einem Teil zu sammeln. Die harmonische Integration beider Effekte stellt eine konstruktive Herausforderung dar. Wenn ein Effekt den anderen dominiert, kann die Hybridfunktionalität nicht mehr aufrechterhalten werden.

Tab. 4.1 Zusammenfassung der bisher entwickelten Enteisungssysteme mit FGL

Forscher	Anwendungsbereich			Effekt		Testparameter		
	Rotorblatt	Tragflügel	Fläche	Mechanisch	Thermisch	Aerodynamische Last	Temperatur	Vereist
Adams		✓		✓		✗	✗	✗
Ingram		✓		✓		✗	✗	✗
Gerardi et al.	✓			✓		40 m/s	bis zu −40 °C	✓
Nasa Lewis Icing Research	✓			✓		✗	✗	ca. 3 mm
Liu et al.		✓		✓		✗	bis zu −30 °C	ca. 3 mm
Myose et al.		✓		✓		statisch	ca. −10 °C	3 bis 6 mm
Pinto et al.			✓		✓	✗	✗	✗
Righi et al.	✓			✓		✗	✗	✗

4.3 Themomechanisches Enteisungskonzept mit Formgedächtnislegierung

Die Modernisierung der Luftfahrttechnik erfordert parallel dazu Entwicklungen bei den Flugzeugsystemen. Dazu gehört auch das Enteisungssystem als sicherheitsrelevante Ausrüstung. Der Trend zum Leichtbau und zu energieeffizienteren Systemen führt dazu, dass herkömmliche Eisschutzsysteme wie Heißluft aus den Triebwerken einer Revision unterzogen werden. Aus diesem Grund wurde ein weiteres Konzept zur Enteisung durch FGL in der Patentanmeldung bei der Zusammenarbeit vom IAF der Technischen Universität Braunschweig und dem DLR ausgearbeitet. Die Idee hinter dem Konzept ist einen Draht aus FGL mit einer bestimmten Form (z. B. Ring) in eine elastisch verformbare Haut einzubetten. Abb. 4.16a und b zeigen detaillierte Querschnittzeichnung der Vorrichtung. In Abb. 4.16a wird die Vorrichtung in nicht aktiviertem Zustand bzw. in der Anfangsposition dargestellt. Der FGL-Draht (8) befindet sich in einer elastischen Schicht (4), die aus einem polymeren Elastomerwerkstoff hergestellt wird. Die Vorrichtung umfasst einen Draht, der im Elastomer eingebettet ist. Hier ist die Vorrichtung (7) auf der formstabilen Unterkonstruktion (5) befestigt. Für die Aktivierung der Vorrichtung ist die Heizeinrichtung (9) zuständig, die mit einem Aktivierungsschalter (13) und mit elektrischen Anschlüssen (11, 12) verbunden ist. Durch das Anschalten wird der FGL-Draht in der Oberfläche erwärmt und aktiv. Die Spannungsquelle ist mit (10) dargestellt. Auf diese Weise entsteht eine Kontraktion längs der Oberfläche (6). Abb. 4.16b zeigt die Vorrichtung, wenn sie unter Wärme angeregt ist. Der Aktor verformt die elastische Schicht.

Durch die Deformation der elastischen Schicht beginnt die Delamination der Eisschicht. Während der Kontraktion wird die elastische Schicht (4) auch erwärmt. Durch die Erwärmung lässt sich das Eis wegen der reduzierten Adhäsionsfestigkeit leichter entfernen [64]. Die mit dem FGL-Draht präparierte Haut (3) wird unter Einschluss von mehreren weiteren Segmenten an die Vorderkante (2) des aerodynamischen Körpers (6) montiert. In Abb. 4.17 wird der Querschnitt des aerodynamischen Körpers (1) bzw. ein Flügel illustriert. In diesem Konzept ist

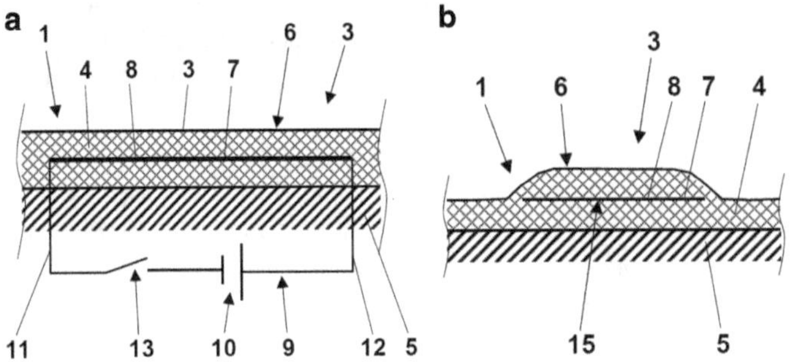

Abb. 4.16 Querschnit des Profils nach [64]. (**a**) Unverformt. (**b**) Verformt

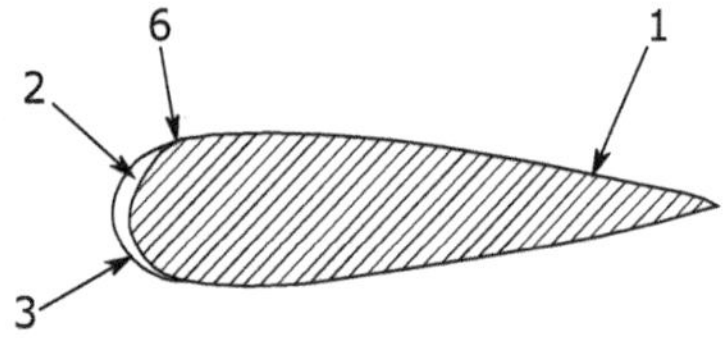

Abb. 4.17 Querschnit des Flügelprofils nach [64]

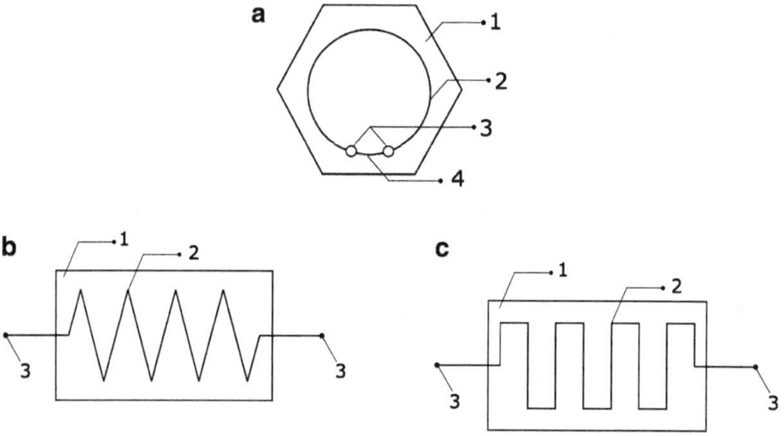

Abb. 4.18 Ausführungsforme nach [64], 1. Formkörper, 2. FGL, 3. elektrische Anschlüsse, 4. Zugsteifes Zugelement (elek. nicht leitbar). (**a**) Sechseckige Form. (**b**) Zweite spezielle Ausführungsform. (**c**) Eine weitere Ausführungsform

der Einweg-Effekt für die FGL ausreichend, weil die Spannung der elastisch verformbaren Haut hilft, dass sich der Draht zurückverformen kann [64].

Abb. 4.18 stellt unterschiedliche Ausführungskonzepte (a. ringförmiger Draht, b. zickzackförmiger Draht, c. mäanderförmiger Draht) dar. In Abb. 4.18a wird die sechskantige Ausführungsform des Formkörpers von oben illustriert. Ein ringförmiger FGL-Draht (2) ist im Elastomer (1) eingebettet. Zwischen den elektrischen Anschlüssen (4) wird ein zugsteifes Element (4) hinzugefügt, weil der Ring wegen des garantierten Kurzschlusses nicht durchgängig sein darf.

Abb. 4.18b und c zeigen andere alternative Ausführungsformen, in denen die Drähte im Elastomer eingebettet sind. Im Elastomer (1) eingebettete zickzack- und mäanderförmige FGL-Drähte (2) können ebenfalls mit elektrischen Anschlüssen (3) aktiviert werden.

Abb. 4.18a wurde für diese Arbeit als Forschungsobjekt gewählt. Aufgrund dieser Geometrie gibt es wenige nicht enteisbare Bereiche, sogenante „Totzonen". Durch den Zusammenbau mehrerer sechseckiger Formen (Enteisungssegmente) ergeben sich kleine Totzonen, die einen Vorteil bieten. Dieser Vorteil ist bei den anderen Ausführungsformen (Abb. 4.18b, c) nicht gegeben. Das liegt daran, dass der Draht an den Ecken weder thermisch noch mechanisch einflussreich ist. Wenn die rechteckigen Segmente mit der mäander- und zickzackförmigen Drahtform

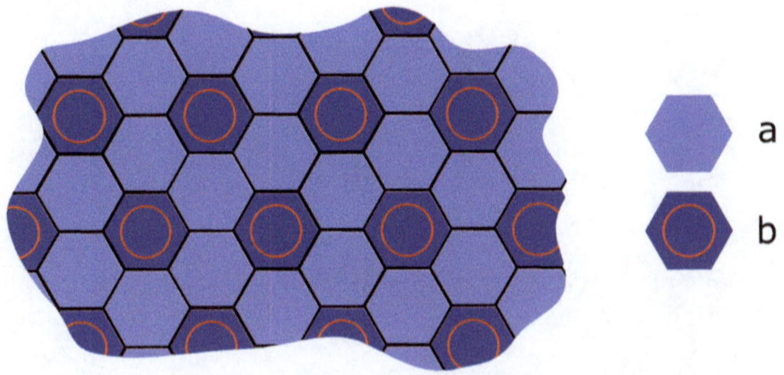

Abb. 4.19 Zusammenbau von mehreren Ausführungsformen, mit Änderung aus [64] übernommen. (**a**) Elastomerteil. (**b**) Formkörper mit FGL

kombiniert werden, entsteht an den Ecken, wo es schwierig wird, das Eis zu entfernen, eine große Fläche mit Eis. Abb. 4.19 stellt die vernetzte Fläche mit der sechseckigen Ausführungsform dar. Das Netz besteht jedoch nicht nur aus dem Formkörper mit FGL (Abb. 4.19a), sondern auch aus der Elastomermembran ohne FGL (Abb. 4.19b). Beim Aufheizen erwärmt das Enteisungssegment (b) die elastische Schicht (a) so stark, dass sich Bruchlinien in dem an der Oberfläche entstandenen Eis formen. Infolge der Kontraktion des Formkörpers bricht das Eis entlang dieser Sollbruchlinien auf und löst sich von der Oberfläche.

4.4 Zusammenfassung

Dieses Kapitel enthält einen zusammenfassenden Bericht über die bisherigen Enteisungssysteme auf Basis von Formgedächtnislegierungen. Eine systematische Zusammenfassung dieser Systeme wird in tabellarischer Form präsentiert, wobei sie nach Anwendungsbereichen, Funktionsprinzipien und Testparametern kategorisiert wird. Nach der Bewertung der bisherigen Enteisungskonzepte mit FGL wird das neue thermomechanische Enteisungskonzept vorgestellt. Darüber hinaus wird das thermomechanische Enteisungskonzept mit seinen grundlegenden Aspekten wie Funktionsprinzip, Anwendungsbereich und verschiedenen Ausführungsformen erklärt. Das thermomechanische Enteisungskonzept mit Formgedächtnislegierung zeichnet sich durch die geschickte Integration des Formgedächtniseffekts sowohl auf mechanischer als auch auf thermischer Ebene aus. Der vermutete Vorteil dieses Konzepts besteht darin, dass nicht nur der mechanische Aspekt des Formgedächtniseffekts genutzt wird, sondern auch sein thermischer Aspekt einbezogen wird. Durch Ausnutzung der natürlichen Hybrideigenschaften der Legierung soll die Eisschicht effektiv entfernt werden. Darüber hinaus wird die Federkraft des Einbettungsmaterials als Gegenkraft eingesetzt, um sicherzustellen, dass der Draht in seine ursprüngliche Position zurückkehrt.

Kapitel 5
Eigenschaftsprofil des Einbettungsmaterials mit multilateraler Funktionskonformität

> Hast du deine Meinung schon durch die drei Siebe gegossen: jenes der Wahrheit, jenes der Güte, jenes der Notwendigkeit?
>
> – Sokrates

Die kombinierten thermischen und mechanischen Eigenschaften des Matrixmaterials im Hinblick auf seine Eignung für die Aufnahme von Drähten aus Formgedächtnislegierungen werden im Mittelpunkt der Diskussion stehen. Es wird hervorgehoben, wie wichtig es ist, dass der Matrixwerkstoff den funktionalen Anforderungen des Drahtes aus einer Formgedächtnislegierung entspricht, sowohl in Bezug auf das thermische Verhalten als auch auf die mechanischen Eigenschaften. Dieses Material ist für die Umwandlung der Ringkontraktion in die Oberflächenverformung bzw. die Beule verantwortlich. Außerdem hat das neue Konzept ein anderes Funktionsprinzip und schließt einen thermischen Effekt ein. Daher steht die zentrale Forderung der Materialauswahl unter dem Einfluss technischer Spezifikationen.

5.1 Anforderungen

Bei der Materialauswahl geht es darum, einen Kompromiss zwischen den technischen Anforderungen der Aufgabe und den verfügbaren Materialien zu finden. Die Konstruktionsvorgaben bestimmen die gewünschten Eigenschaften des Werkstoffs im Verhältnis zum Einbettungsmaterial. Die technischen Forderungen werden in die Materialeigenschaften übersetzt in Form von Dichte, Festigkeit, Steifigkeit usw. In diesem Teil werden die Anforderungen im Rahmen der mechanischen, thermischen und die Beziehung zur Eisadhäsion ermittelt.

O. Tamer, *Thermo-mechanisches Enteisungssystem auf Basis von Formgedächtnislegierungen*, Mechanics and Adaptronics,
https://doi.org/10.1007/978-3-662-69337-7_5

5.1.1 Mechanisch

Die mechanischen Auswahlkriterien lassen sich in Festigkeit und Steifigkeit einteilen. Während der Aktivierung des Drahts sollte das Matrixmaterial nachgiebig genug sein, um sich unter der Ringkraft bei 100 % austenitischer Phase zu verformen. Andererseits sollte das Einbettungsmaterial so steif sein, dass der Ring bei 100 % martensitischer Struktur in die Ausgangslage zurückkehrt. Die zyklische Anregung des eingebetteten Rings aus FGL bewirkt eine elastische Verformung, die von dem Steifigkeitsverhältnis der Komponenten (Matrix & FGL-Ring) abhängig ist. Ergänzend dazu hängt das Steifigkeitsverhältnis zwischen den beiden Komponenten mit der nutzbaren Arbeit zusammen, da der Ring in ein verformbares Material eingebettet ist [25].

Die Kombination der Materialien, die sehr unterschiedliche Eigenschaften haben, kann zu Disharmonie im Betrieb führen. Dieser Unterschied wirft die Diskussion über die Strukturkonformität auf. Mit dem Ziel der Anpassung der Eigenschaften soll das Verhältnis der Materialien untersucht werden. Um den Einfluss des Steifigkeitsverhältnisses des Aktors und der Struktur zu zeigen, wird ein Gedankenexperiment konstruiert, in dem der Querschnitt des Enteisungsegments als Ausgangspunkt genommen wird. Abb. 5.1a zeigt den Querschnitt des Enteisungssegments für den Fall, dass der Draht nicht vollständig durch das Einbettungsmaterial geführt wird. Diese besondere Situation ist dem tatsächlichen Funktionsmuster ähnlich. Im ersten Szenario liegt die Drahttemperatur unter M_f, das heißt, der Draht ist noch nicht aktiviert. Nach der Aktivierung ($T_{\text{Draht}} > A_f$) sind der zusammengezogene Draht und das verformte Einbettungsmaterial unten zu sehen. Die Flanken, an denen der Draht nicht mit dem Einbettungsmaterial in Kontakt ist, ziehen sich nicht gleichmäßig zusammen im Gegensatz zu den Kontaktbereichen. Um das Verhältnis der Steifigkeit zwischen Einbettungsmaterial und Draht zu untersuchen, wird eine Vereinfachung angewendet. In diesem Modell befindet sich der Draht in der Mitte, wodurch die Exzentrizität des Drahtes vernachlässigt wird. Außerdem wird in dieser vereinfachten Methode der Einfluss der Querkontraktion nicht berücksichtigt. Die obere und untere Seite des Einbettungsmaterials haben gleitende Lagerungsbedingungen. Während der Aktivierung zieht sich der eingebettete Draht zusammen. Die rechten und linken Seiten des Elastomers erlauben eine horizontale Beweglichkeit. In Abb. 5.1b hat der eingebettete Draht die gleiche Länge wie der Querschnitt. Nach der Aktivierung ($T_{\text{Draht}} > A_f$) ist die Kontraktion des Drahtes und des Einbettungsmaterials in Abb. 5.1b unten dargestellt. Im Vergleich zu Abb. 5.1a im gleichen Temperaturbereich findet die Kontraktion im gesamten Material statt.

In diesem Modell wird angenommen, dass der Querschnitt sich wie ein Zugstab verhält. In dem Fall wird die Biegung nicht betrachtet. Eine weitere Annahme ist, dass der FGL-Draht in der Mitte des Einbettungsmaterials ist. Eine Exzentrizität kann zu einem höheren Biegemoment führen. Im zweidimensionalen Querschnittsmodell wird der Drahtaktor anstelle des Rings nicht wie im realen Enteisungssegment dargestellt, weil das eine vereinfachte Näherung ist.

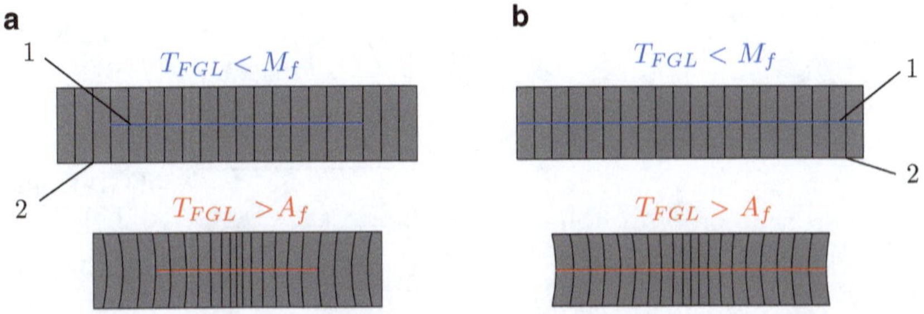

Abb. 5.1 Querschnitte zum Vergleichszweck (1. FGL-Draht, 2. Einbettungsmaterial). (**a**) Querschnitt des Enteisungssegments. (**b**) Querschnitt des Models für das Steifigkeitsverhältnis

Die Federsteifigkeiten betragen in Längsrichtung für Matrix und FGL-Draht:
Nach [[25], Formel 3.8] gilt:

$$k_{Matrix} = \frac{E_{Matrix} \cdot A_{Matrix}}{L_{Segment}} \tag{5.1}$$

$$k_{Draht} = \frac{E_{Draht} \cdot A_{Draht}}{L_{Segment}} \tag{5.2}$$

Die Dimensionen des Modells wird in Abb. 5.2 dargestellt. Die gleichen Randbedingungen wie in Abb. 5.1 gelten in diesem Modell. Die Formgedächtnislegierung hat zwei Phasen. Infolgedessen hat das Material je nach Phase der Legierung zwei unterschiedliche E-Moduln. In der Berechnung (Gl. 5.2) wird der Elastizitätsmodul jedoch als Variable zwischen 30–80 GPa definiert (Tab. 5.1), um das Steifigkeitsverhältnis der beiden Materialien zu untersuchen.

Die Länge des Drahts im Querschnitt hat die gleiche Länge wie das Matrixmaterial im vereinfachten Modell. Mit einem sehr einfachen Modell soll die Bedeutung der Steifigkeitsverhältnisse zwischen Draht und Einbettungsmaterial nachfolgend erläutert werden. In dem tatsächlichen Modell ist das Matrixmaterial breiter als der FGL-Ring. Das führt zu örtlich unterschiedlichen Kontraktionen des Elastomers. In der Nähe des FGL-Drahts lassen sich die höchsten Kontraktionen erwarten, die mit dem Abstand zum Draht abnehmen. Zur Vernachlässigung dieses komplexen Verhaltens wird diese vereinfachte Annahme getroffen.

Zusätzlich zu der Abbildung zeigt die Tab. 5.1 die Parameter des Modells. Da die geometrischen Parameter festgelegt sind, sind die einzigen Variablen die Elastizitätsmoduln der Matrix und des Drahtes.

Gleichung (5.3) zeigt das Steifigkeitsverhältnis zwischen Matrixmaterial und dem eingebetteten Aktor [25].

Nach [[25], Formel 3.13] gilt:

$$\theta_k = \frac{k_{\text{Matrix}}}{k_{\text{FGL-Ring}}} \tag{5.3}$$

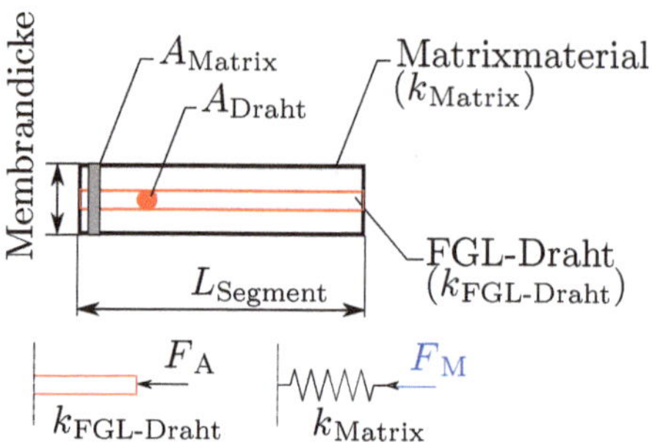

Abb. 5.2 Aktorquerschnitt als Federsystem

Tab. 5.1 Die Werte der Parameter

Parameter	Größe	Einheit
L_{Segment}	120	mm
D_{Draht}	0,375	mm
A_{Matrix}	10	mm^2
A_{Draht}	0,11	mm^2
Membrandicke	10	mm
Tiefe	1	mm
E_{Matrix}	$1 - 1 \cdot 10^6$	MPa
$E_{\text{FGL-Draht}}$	$30 \cdot 10^3 - 80 \cdot 10^3$	MPa

Abb. 5.3 zeigt die Antwort des Aktors in Abhängigkeit vom Steifigkeitsverhältnis zwischen den beiden Materialien. Wenn die beiden Materialien die gleiche Steifigkeit haben ($\theta = 1$), bedeutet dies, dass die maximale strukturelle Konformität erreicht ist. Mit anderen Worten sind die Eigenschaften des Aktors optimal auf die Struktur angepasst [25]. Die linke Seite der Kurve (Abb. 5.3) deutet darauf hin, dass die Matrix nachgiebig ist, während die rechte Seite ein steifes Matrixmaterial angibt. In der Grafik zeigt die blaue Linie (Wertebereich) den Fall, in dem die Parameter bis auf die E-Moduln der Matrix und des FGL-Rings konstant gehalten werden. Zur weiteren Erläuterung der Position im Diagramm werden Materialien aus Thermoplasten (PA2200, ULTEM-1010, PEEK), Elastomeren (Hytrel 7246, Elastollan-1160, Sylgar 184), Metallen (AlMgSi0,5) und GFK-UD (HexPly913) untersucht. In dieser Darstellung wird die Phase des FGL als Austenit definiert und zusätzlich zu den geometrischen Parametern ist der Elastizitätsmodul des Drahtes (70 MPa) konstant eingestellt. Damit soll die Beziehung in Bezug auf θ_k gezeigt werden. Aus der Lage der Punkte lässt sich schließen, dass die Thermoplaste und Hytrel 7246, deren E-Modul zwischen 525 und 3700 MPa variiert, die höchste Übereinstimmung aufweisen.

Als nächstes wird das Verhältnis von Membrandicke und Drahtdurchmesser untersucht, wobei die gleichen Materialien wie in Abb. 5.3 verwendet werden. In dieser Konfiguration bleibt neben dem $E_{FGL-Draht}$ und anderen geometrischen Parametern auch die Membrandicke konstant. In Abb. 5.4 ist das Ergebnis in Form eines Konturplots dargestellt. Auf der x-Achse ist der Elastizitätsmodul des Matrixmaterials und auf der y-Achse das Dickenverhältnis dargestellt. Der

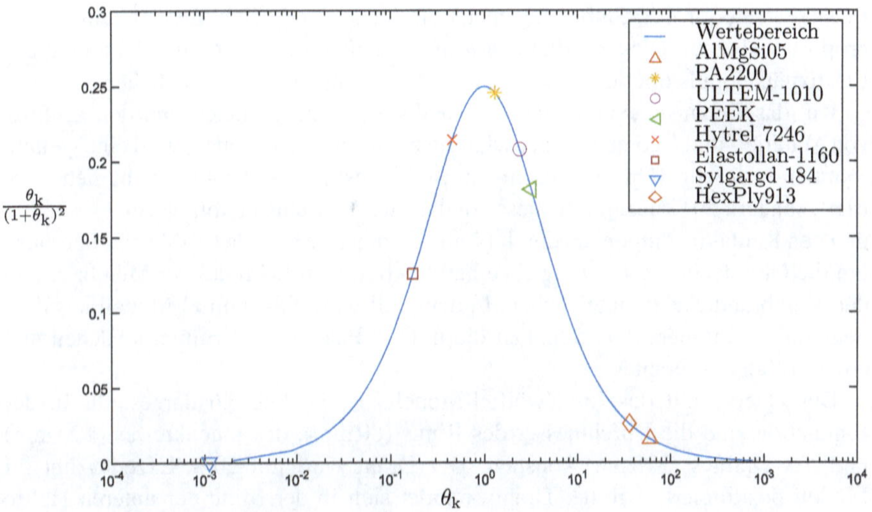

Abb. 5.3 Arbeitsvermögen des integrierten Funktionswerkstoffs

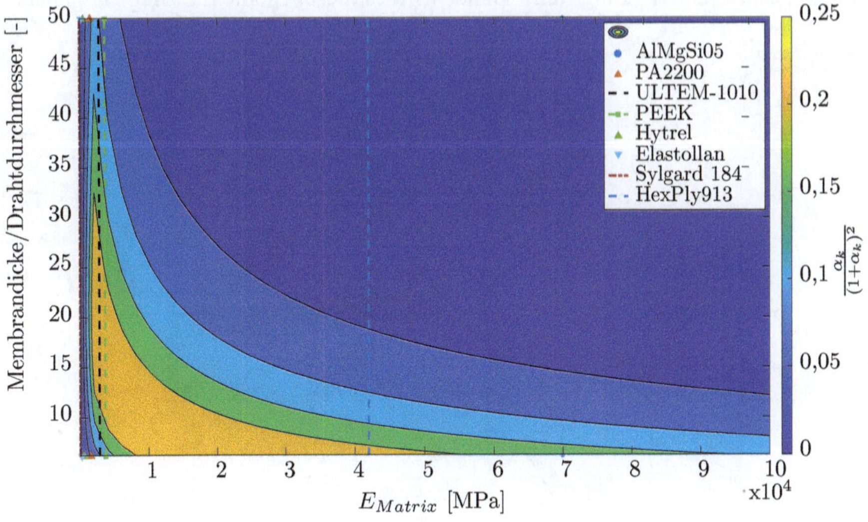

Abb. 5.4 Einfluss der Proportion von Membrandicke und Drahtdurchmesser auf das Arbeitvermögen

Farbbalken zeigt den Wert für $\dfrac{\theta_k}{(1+\theta_k)^2}$. Der gelbe Bereich zeigt das Optimum der Zielvariablen. ULTEM-1010, PEEK und HexPly913 überschneiden sich mit dem gelben Bereich. Bei HexPly913 ist das Dickenverhältnis sehr gering. Dies kann die Entwurfmöglichkeiten einschränken. Andererseits bieten ULTEM-1010 und PEEK einen viel größeren gelben Bereich (Abb. 5.3) bezüglich des Verhältnisses. Der

Elastizitätsmodul des Einbettungsmaterials ist im optimalen Bereich umgekehrt proportional zum Dickenverhältnis. Aus diesem Grund wird die Steigung des Elastizitätsmoduls mit der Senkung des Dickenverhältnisses ausgeglichen.

Um das Gedankenexperiment noch realistischer zu gestalten und den Einfluss von Material- und Geometrieeigenschaften beobachten zu können, wird eine weitere Simulation durchgeführt. In diesem Fall ist die Position des Drahtes nicht mehr zentriert, sondern 50 % dezentral. Diese Analyse wird wegen der komplexen Geometrie und den Kontaktbedingungen durch Finite-Elemente-Methode (FEM) durchgeführt, um die Oberflächenverformung als eine Funktion vom E-Modul der Membran und der Membrandicke zu untersuchen. In dem Fall wird ein-zwölftel-Modell aus dem Segment genommen. Abb. 5.5 zeigt die fixierte Fläche, die Symmetrieflächen und ein Zwölftel des Drahtes.

Der Querschnitt des Ein-Zwölftel-Modells ist in Abb. 5.6 dargestellt. In der Simulation sind die Durchmesser des Rings (80 mm), des Innenkreises (120 mm) und des Drahtes (375 µm) konstant. Der Draht wird mit 50 % Exzentrizität im Modell positioniert, d. h. der Draht befindet sich in der Mitte der unteren Hälfte der Membran. Die Exzentrizität steigert die Verformung bzw. Durchbiegung der Oberfläche, was zu einer erhöhten Spannung an der Oberfläche und einer gesteigerten mechanischen Wirkung führt. Daher wird in dieser Studie die Biegung genauer

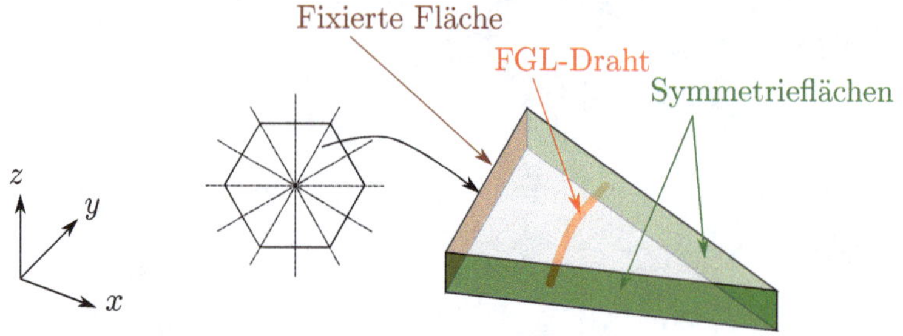

Abb. 5.5 Ein-Zwölftel-Modell für die Simulation, mit Änderung aus [24] übernommen

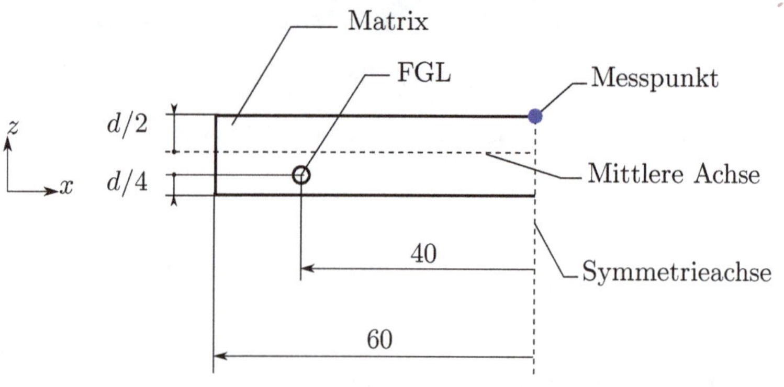

Abb. 5.6 Der Querschnitt des ein-Zwölftel-Modells

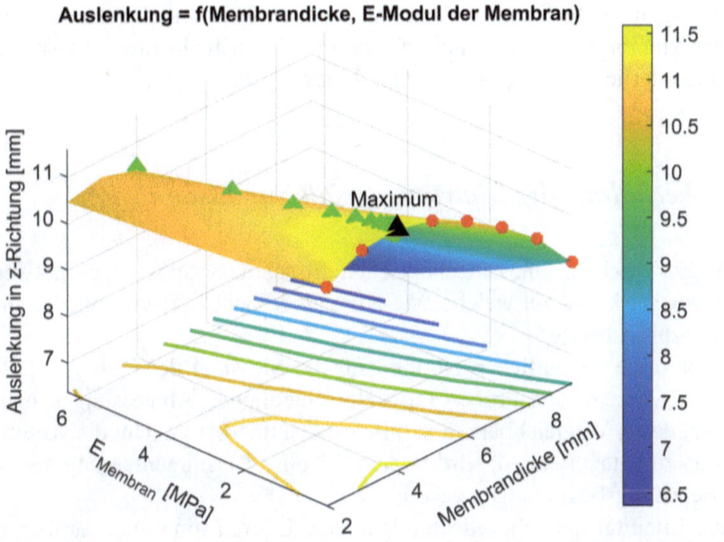

Abb. 5.7 Die Auslenkung der Membranoberfläche abhängig von E-Modul und Membrandicke

untersucht. Die Dicke und der Elastizitätsmodul der Membran werden dagegen als variabel definiert. Die Werte für den Elastizitätsmodul werden mit 0,01 bis 10 MPa für den Bereich und 4 bis 9 mm für die Dicke eingegeben. In der Simulation werden Schleifen für die zwei Variablen durchgeführt. Der Messpunkt der Auslenkung in z-Richtung ist der Eckpunkt der Oberfläche (der blaue Punkt in Abb. 5.6).

Die Ergebnisse der Simulation sind in Abb. 5.7 als Flächendiagramm dargestellt, wo die Auslenkung (z-Achse) des oben diskutierten Punktes vom Elastizitätsmodul (y-Achse) und der Membrandicke (x-Achse) abhängt. Die Änderung der Auslenkung wird mit dem Konturdiagramm in Abb. 5.7 gezeigt. Aus dem Diagramm geht hervor, dass die größte Durchbiegung bei E-Modul = 0,011 MPa und Membrandicke = 4 mm erreicht wird. Um den Einfluss jedes Parameters aus den Ergebnissen ersehen zu können, wird ein Faktor als variabel und der andere als konstant definiert. Auf diese Weise wird die Veränderung der Auslenkung in derselben Abb. 5.7 präsentiert. Die grünen diamantförmigen Punkte weisen auf den Fall hin, dass die Membrandicke konstant bei 4 mm bleibt und der Elastizitätsmodul als Variable (E = 0,1 bis 9 MPa) untersucht wird. Dies zeigt, dass die Durchbiegung bis zu einem bestimmten Punkt schnell zunimmt und dann langsam abnimmt. Eine andere Perspektive ist es, dass der Elastizitätsmodul (E = 1 MPa) konstant bleibt und die Membrandicke als Variable (d = 4 bis 9 mm) eingegeben wird. Die Durchbiegung ändert sich schnell und in negativer Richtung. Die Auslenkung nimmt mit der Steigung der Membrandicke ab, wie in der vorherigen Analyse, die Steigung des Dickenverhältnisses hat einen negativen Einfluss auf die Arbeitskapazität.

Zusammenfassend zeigt Abb. 5.7, dass bei Berücksichtigung von nur zwei Parametern, die die Durchbiegung beeinflussen, der Elastizitätsmodul nur minimale

Auswirkungen auf die Durchbiegung hat, wenn die Membrandicke unter 4 mm liegt. Bei einer Membrandicke von mehr als 4 mm ist jedoch ein Elastizitätsmodul unter 2 MPa erforderlich, um eine höhere Durchbiegung zu erreichen.

5.1.2 Verhältnis des Matrixmaterials zur Eisadhäsion

Für die Entwicklung eines mechanischen Eisschutzsystems ist es notwendig zu wissen, wie stark und auf welche Weise die Oberfläche verformt werden muss, um das Eis abzubrechen [65].

Es gibt keine einheitlichen Normen für die Messung der Eishaftfestigkeit und somit eine Vielzahl von Proben mit unterschiedlichen Abmessungen und Versagensarten, deren Vergleichbarkeit zumindest diskutierbar ist. Um die verschiedenen Methoden zu kategorisieren, wird in Abb. 5.8 eine Zusammenfassung der verschiedenen Belastungsbedingungen gezeigt [65].

In der Literatur herrscht jedoch allgemeine Übereinstimmung darüber, dass die Adhäsionskraft von Eis auf einem ungeordneten Substrat mit abnehmender Temperatur [66] zunimmt. Zusätzlich zur Umgebungstemperatur untersuchten Soltis et al. [67] die Einflüsse des mittleren Volumendurchmessers der Wolkentröpfchen, des Wassergehalts der Wolkenflüssigkeit, der Oberflächenrauheit und der Kornrichtung des Materials für X6Cr17, Inconel 625 und Titan Grade 2. Die Tests für X6Cr17 ergaben, dass die Oberflächenrauheit und die Temperatur den größten Einfluss auf die Eishaftung haben. Die Adhäsionskraft nahm von −5 bis −15 °C um ca. 1600 % zu [67].

Ibanez et al. [68] stellten den Zusammenhang zwischen der Adhäsionsfestigkeit und dem Mischverhältnis von Vernetzungsmittel zu Sylgard 184 in Abb. 5.9 dar. In ihrer Arbeit haben sie einen hohlen Zylinder auf die Oberfläche des Elastomers gestellt und dann mit Wasser gefüllt. Dann wurde die Oberfläche in die Gefrierkammer gelegt und 90 Minuten lang bei − 10 °C eingefroren, um sie vollständig zu verfestigen. Nach dem Gefrieren wurde die Oberfläche auf einer Plattform befestigt, die in der Gefrierkammer für den Zug- und Schermodus getestet wurden. Laut den Ergebnissen von [68] wird die höchste Schubfestigkeit durch ein Mischverhältnis von 1:10 erreicht. Bei der Zugfestigkeit wird der höchste Zugfestigkeitswert bei

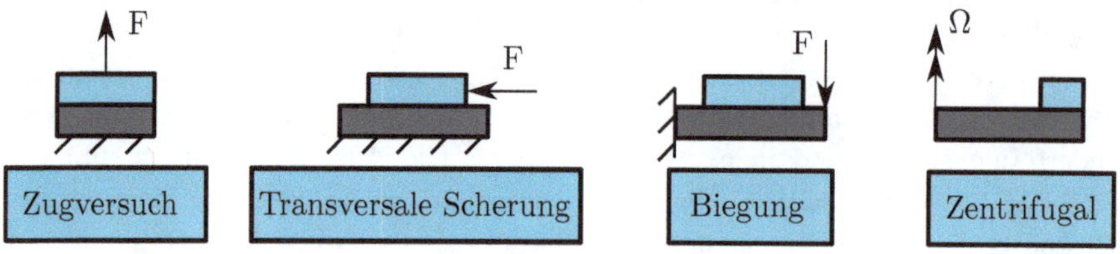

Abb. 5.8 Verschiedene Arten von Messungen der Eishaftungsstärke, gruppiert nach der Belastung, mit Änderung aus [65] übernommen

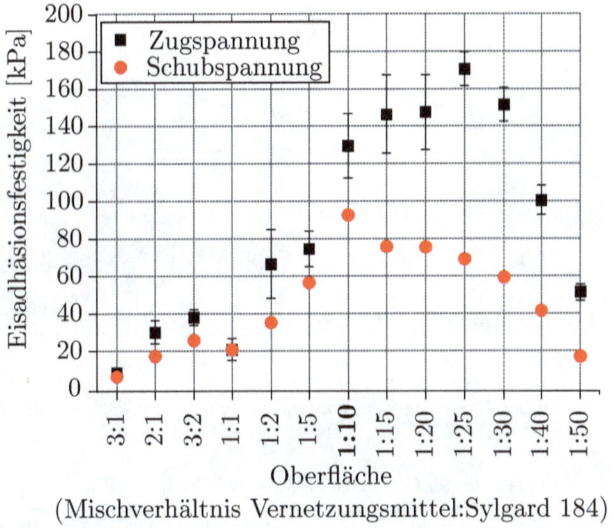

Abb. 5.9 Eisadhäsionsfestigkeit von Sylgard 184-Oberfläche für die Schub- und Zugspannung bei unterschiedlichen Mischverhältnisse, mit Änderung aus [68] übernommen

1:25 beobachtet. Bei niedrigen Härtungsmittelkonzentrationen ist ein Rückgang der Zug- und Scheradhäsion festzustellen, der sich durch die Abnahme der Elastizitätsmoduln, aber auch durch den beobachteten Anstieg der zurückweichenden Kontaktwinkel erklären lässt. Dieser Winkel wird ermittelt, wenn die Kontaktlinie zwischen Flüssigkeit und Oberfläche zurückgeht [68].

5.1.3 Thermisch

Die thermische Wirkung des Enteisungskonzepts basiert auf der Temperaturerhöhung an der Strukturoberfläche, die für die Reduktion der Adhäsionsfestigkeit des Eises entscheidend ist. Die Effizienz der Wärmeübertragung hängt jedoch von der Wärmeleitfähigkeit des Matrixmaterials ab. Der nächste Schritt bei der Suche nach dem geeigneten Werkstoff ist die Untersuchung der Wärmeleitfähigkeit unter den Materialien, die die Wärme schnell leiten und nicht behalten.

In dieser simulativen Parameterstudie wird ein vereinfachtes 2D-Modell erstellt, um das thermische Verhalten des Enteisungssegments darzustellen. In Abb. 5.10a ist das Modell als Querschnitt dargestellt. Wie in Abb. 5.2 befindet sich der Draht auch in diesem Modell in der Mitte des Matrixmaterials. Die Länge des Drahtes ist genauso groß wie die Breite des Einbettungsmaterials. Über dem Einbettungsmaterial liegt eine Schicht aus Eis. Bei einem Vergleich zwischen der Eisdichte aus der Tabelle und den Ergebnissen von Liu wird deutlich, dass das Verhalten des Eises

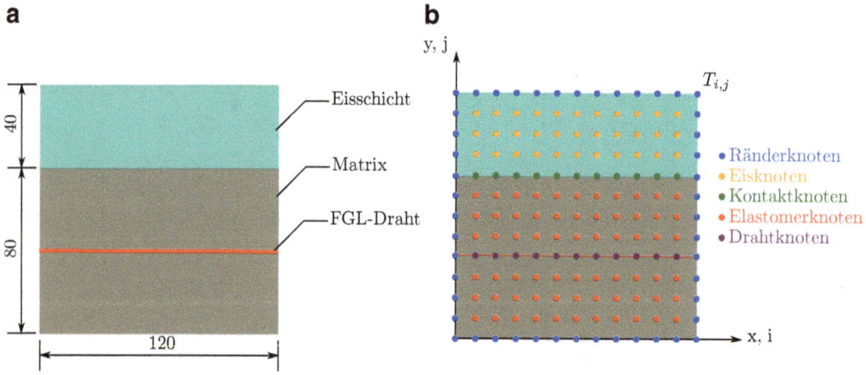

Abb. 5.10 2D Modell des Enteisungssegments mit Eisschicht. (**a**) Querschnitt. (**b**) Querschnitt mit Knoten

Tab. 5.2 Tabelle der Parameter für Geometrie, Matrix und Draht [71, 72]

Parameter	Geometrie	Matrixmaterial	Eis
Segmentdicke	8 mm		
Exzentrizität	0 %		
Drahtlänge	12 mm		
Drahtdurchmesser	375 µm		
Eisdicke	4 mm		
Wärmeleitfähigkeit		$0{,}22\,\mathrm{W\,m^{-1}\,K}$	$2{,}3\,\mathrm{W\,m^{-1}\,K}$
Wärmekapazität		$1400\,\mathrm{J\,kg^{-1}\,K}$	$2000\,\mathrm{J\,kg^{-1}\,K}$
Dichte		$500\,\mathrm{kg\,m^{-1}}$	$918{,}9\,\mathrm{kg\,m^{-1}}$

dem von Glatteis sehr ähnlich ist. Beim Vergleich der Eisdichte aus Tab. 5.2 mit den Ergebnissen von Liu et al. [69] ($900\,\mathrm{kg\,m^{-3}}$) zeigt sich, dass das Verhalten des Eises dem von Glatteis ähnlich ist. Die Dicke der Eisschicht ist in diesem Modell mit 40 mm angegeben.

In diesem Modell werden die obere Schicht des Eises sowie die Ränderknoten isotherm betrachtet und die konvektive Wärmeübertragung vom Eis zur Luft vernachlässigt. In der Realität haben jedoch die Konvektion (freie und erzwungene) und die Positionierung des Enteisungssegments (vertikal, horizontal, gewinkelt) einen großen Einfluss auf die Wärmeübertragung der Oberfläche [70].

Für die thermische Analyse wird die Finite-Differenzen-Methode (FDM) (Anhang A) aufgrund ihrer geringen Komplexität und einfachen Implementierung in die Differentialgleichungen verwendet. Abb. 5.10b (rechts) zeigt das Gitternetz der Finite-Differenzen-Analyse. Die Umgebungstemperatur im Modell ist −10 °C. Die Anfangstemperatur des gesamten Modells beträgt ebenfalls −10 °C. Die Temperaturknoten (blaue Knoten) an den Rändern der Form werden als isotherme Randbedingungen definiert. Darüber hinaus wird die Eisschicht als Block angenommen, der nicht schmilzt. Die Drahttemperatur ist in der Berechnung die gesteuerte Eingangsgröße. Bei den lilafarbenen Drahtknoten steigt die Temperatur linear von −10 °C auf 80 °C in 50 s, da A_f-Temperatur in dieser Berechnung als 80 °C genommen wird. Danach sinkt die Drahttemperatur ebenfalls linear von A_f auf −10 °C innerhalb von 50 s. In diesem Zeitabschnitt wird das thermische Verhalten an der Kontaktstelle (grüne Knoten) zwischen Eis (orangefarbige Knoten) und Einbettungsmaterial (rote Knoten) beobachtet. Die Geometrie- und Materialeigenschaften von Elastomer und von Eis, die für die Berechnung verwendet werden, sind in Tab. 5.2 gelistet.

Abb. 5.11 zeigt die Drahttemperatur und die Temperaturänderung des zentralen Knotens der Einbettungsmaterialien an der Kontaktstelle basierend auf dem Modell in Abb. 5.10b. Die Änderung der Drahttemperatur wird auf der linken y-Achse (blau) und die Änderung der Oberflächentemperatur auf der rechten y-Achse (orange) abgelesen. Die Temperaturänderung, die von der Änderung der Drahttemperatur (T_{Draht}) bestimmt wird, wird für verschiedene Materialien in der Legende untersucht. Anhand dieser Ergebnisse wird deutlich, dass die Wärme eine gewisse Zeit lang im Einbettungsmaterial gespeichert wird. Dies führt dazu, dass die Temperaturabsenkung nicht parallel zur Drahttemperatur verläuft.

Die Werte der thermischen Diffusivität der in Abb. 5.11 aufgeführten Materialien sind in Tab. 5.3 aufgelistet. Der Begriff bezieht sich auf das Verhältnis der geleiteten Wärme zur gespeicherten Wärme. Eine niedrige Wärmediffusionsfähigkeit weist darauf hin, dass mehr Wärme im Material gespeichert ist als an das Medium abgegeben wird [73]. Eine hohe Wärmediffusivität hat den Nachteil, dass sich die Kontaktfläche schneller erwärmt. Daher kann die Eisschicht schmelzen und die

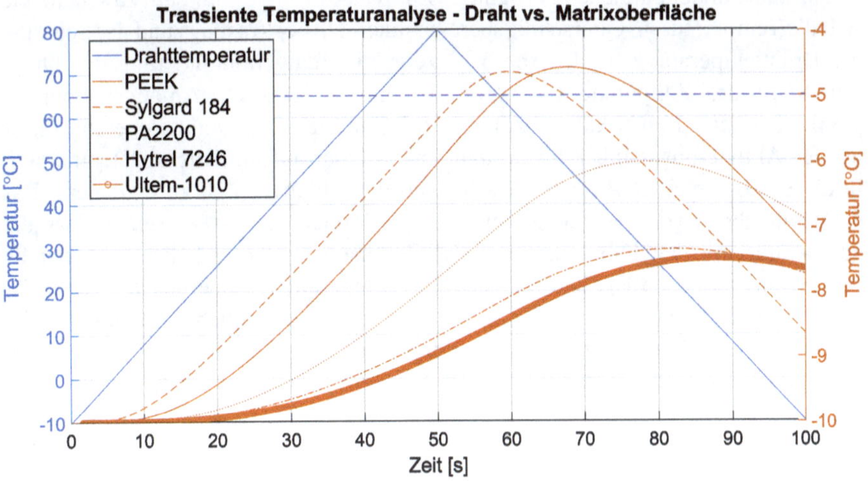

Abb. 5.11 Transiente Wärmeanalyse für das Enteisungssegment mit unterschiedlichen Matrixmaterialien

Tab. 5.3 Thermische Diffusivität

Material	Thermische Diffusivität [$m^2\ s^{-1}$]
FGL	$3{,}33 \cdot 10^{-6}$
PEEK	$1{,}48 \cdot 10^{-7}$
Sylgard 184	$1{,}09 \cdot 10^{-7}$
PA2200	$6{,}81 \cdot 10^{-8}$
Hytrel 7246	$5{,}54 \cdot 10^{-8}$
Ultem 1010	$8{,}27 \cdot 10^{-8}$

Beseitigung des Eis-Matrix-Kontakts verhindert das Auftreten von mechanischen Effekten. Andererseits kann das Material die vom Draht ausgehende Wärme nicht abführen, wenn die Wärmediffusivität gering ist. Folglich verhindert die im Matrixmaterial gespeicherte Wärme, dass der Draht noch langsamer abkühlt. Die lange Abkühlzeit des FGL ist bereits der Grund für die niedrige Arbeitsfrequenz. Mit der zusätzlichen Verzögerung durch die thermischen Eigenschaften des Materials wird die Zyklusgeschwindigkeit der Drahttemperatur geringer. Die Eisadhäsionsfestigkeit zeigt einen abnehmenden Verlauf bei höheren Temperaturen [74]. Bei einer geringen Adhäsionsfestigkeit kann der mechanische Effekt die Eisschicht leichter entfernen. Da zwei Kriterien entscheidend für das Funktionsprinzip sind – niedrige Haftfestigkeit und das Nichtüberschreiten der Schmelztemperatur wird −5 °C (die in blau gestrichelte Linie) in Abb. 5.11 als Grenze eingezeichnet. Als Ergebnis der thermischen Analyse erreichen Sylgard 184 und PEEK −5 °C und überschreiten auch nicht die Schmelztemperatur.

Basierend auf der Annahme zwischen Adhäsionsfestigkeit und Umgebungstemperatur und auf der einfachen Fertigung wird Sylgard 184 gewählt, um zu sehen, wie sich die Temperatur im Querschnittsbereich innerhalb des Anstiegs und der Senkung der Drahttemperatur verteilt. Abb. 5.12 zeigt die Temperaturänderung des Querschnitts für drei Zeitpunkte: t = 0 s, t = 50 s und t = 100 s. Die Anfangstemperatur (t = 0 s) beträgt −10 °C (Abb. 5.12a). Anschließend steigt die Drahttemperatur linear bis zur Aktivierungstemperatur an und sinkt wieder auf die Ausgangstemperatur. In diesem Beispiel ist A_f = 80 °C. Anhand der Abb. 5.12b ist zu erkennen, dass der Draht die maximale Temperatur t = 50 s erreicht. Es ist zu sehen, dass die Temperatur um den Draht herum ebenfalls ansteigt, während die Kontaktstelle (y = 8 mm) zwischen Eis und Matrix keine Temperaturveränderung aufweist. Für die Kontaktfläche (y = 8 mm) aus Abb. 5.12, welche die zeitliche Entwicklung der Temperaturverteilung zeigt, steigt die Temperatur an der Stelle, obwohl der Draht keine weitere Wärme produziert.

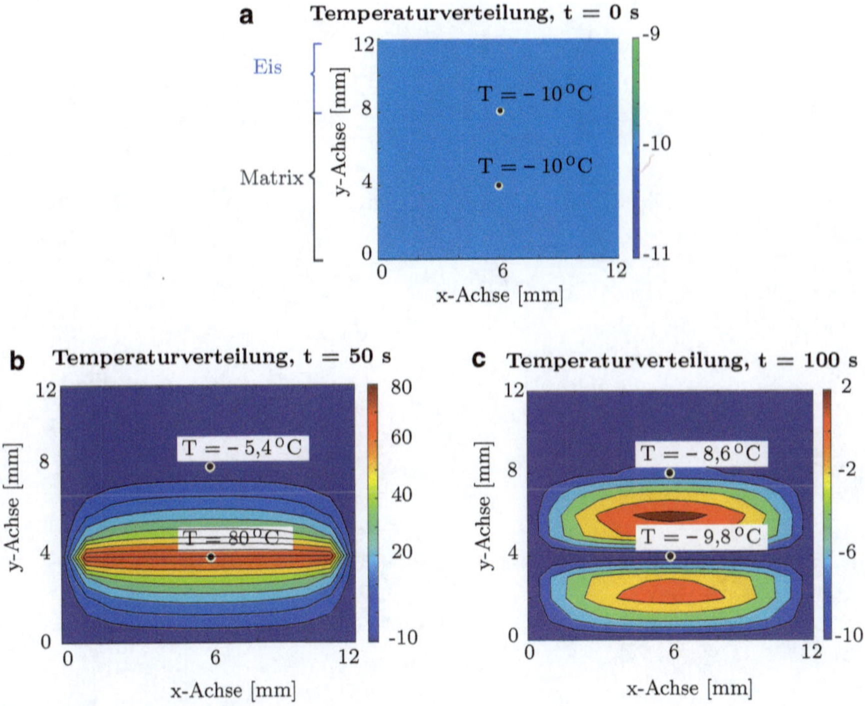

Abb. 5.12 Transiente Wärmeanalyse für t = 0, 50, 100 s

5.2 Zusammenfassung

In diesem Kapitel werden die grundlegenden Fragen der funktionalen Übereinstimmung zwischen Draht und Einbettungsmaterial eingehend erörtert. Der Schwerpunkt liegt auf den mechanischen und thermischen Voraussetzungen des Enteisungskonzepts, die mit Hilfe von 2D-Modellen untersucht werden. Insbesondere wird eine transiente thermische Analyse des Elastomerquerschnittes im vereisten Zustand durchgeführt, die Aufschluss über den Temperaturverlauf an der Kontaktstelle zwischen Elastomer und Eis bei Verwendung unterschiedlicher Materialien gibt. Bei der thermischen Prüfung ist zu beachten, dass die Adhäsionsfestigkeit des Eises gering sein sollte, damit sich das Einbettungsmaterial durch die mechanische Wirkung leicht von der Eisschicht trennen lässt. Hier spielt die Oberflächentemperatur eine entscheidende Rolle, bei der die beiden Effekte zusammenwirken können.

Kapitel 6
Gekoppeltes zeitliches und örtliches Verhalten des FGL-Drahtes

> Wenn Du eine weise Antwort verlangst, muss du vernünftig fragen.
>
> – Johann Wolfgang von Goethe

Dieses Kapitel setzt sich mit der detaillierten und systematischen Konzeptentwicklung und daraus folgend mit den einzelnen Entwurfsparametern wie Material- und Geometrieeigenschaften auseinander. Die im vorherigen Kapitel angestellten Überlegungen zur thermischen und mechanischen Wirkung werden hier mittels numerischer Simulation in der 3D-Ebene untersucht. Anschließend wird der Einfluss dieser Parameter auf das thermomechanische Verhalten analysiert. Das Ziel der Parameterstudie ist die Harmonisierung der teils konkurrierenden Anforderungen im Sinne einer maximalen Funktionskonformität.

6.1 Systematische Konzeptentwicklung

Die vorangegangenen Kapitel erörtern die Eigenschaften der einzelnen Komponenten und das Funktionsprinzip des entworfenen Enteisungskonzepts. Dieser Abschnitt geht einen Schritt weiter und untersucht die Konzepte für die Teilfunktionen des Funktionsprinzips. Im morphologischen Kasten (Abb. 6.1) sind die Teillösungen mit entsprechenden Beispielen dargestellt. Diese Teilfunktionen wurden in (Abb. 2.12 und 2.13) diskutiert. Mit den Möglichkeiten aus Teillösungen lassen sich verschiedene Konzepte entwickeln. In der Arbeit von [75] werden drei Konzepte mit diesem morphologischen Kasten diskutiert. Im ersten Konzept wird die Ringkontraktion gewählt, um mechanische Energie zu erzeugen. Durch die exzentrische Positionierung des Aktors soll die Membran verformt werden.

O. Tamer, *Thermo-mechanisches Enteisungssystem auf Basis von Formgedächtnislegierungen*, Mechanics and Adaptronics,
https://doi.org/10.1007/978-3-662-69337-7_6

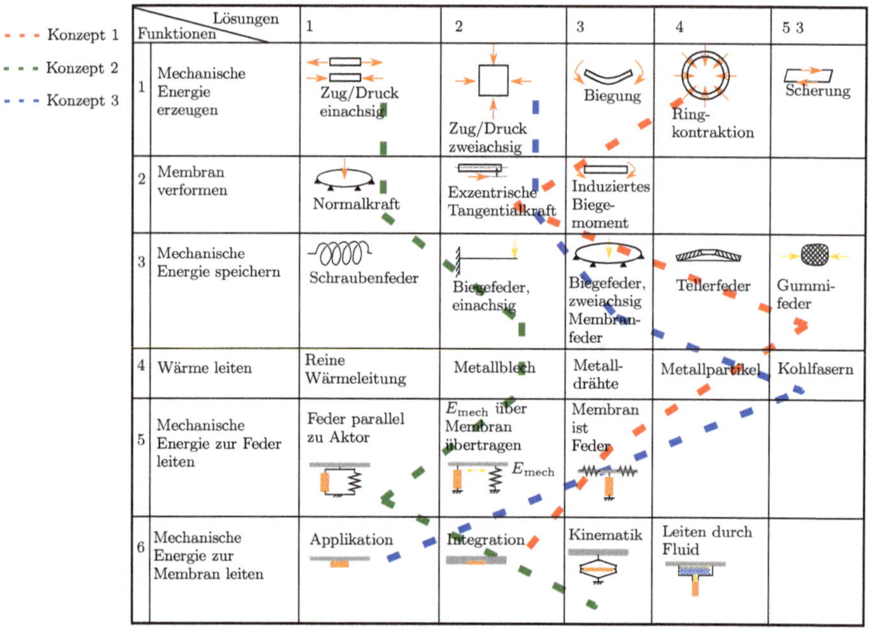

Abb. 6.1 Morphologischer Kasten, mit Änderung aus [75] übernommen

Eine Gummifeder speichert die für die Rückverformung notwendige mechanische Energie. Die Federkraft der Membran wird genutzt, um die mechanische Energie zu leiten. Die Integration ist für das Einsetzen des Aktors konzipiert. Beim zweiten Konzept erzeugt die einachsige Druck-/Zugkraft eine mechanische Energie. Eine dünne Membran wird für die Verformung durch Normalkraft verwendet. Für die Wärmeleitung wird ein Metallblech eingesetzt. Die Federkraft wirkt parallel zum Aktor, der die Verformung durch eine Kinematik erzeugt. Das dritte Konzept verwendet eine biaxiale Zug-/Druckkraft. Die Exzentrizität wird für die Verformung der Membran vorgeschlagen. Der Aktor bewirkt eine Biegeverformung. Für eine hohe Wärmeleitfähigkeit werden Kohlenstofffasern verwendet. Die Federfunktion der Membran wird in diesem Konzept ebenfalls vorgeschlagen. Für die Weiterleitung der mechanischen Energie an die Membran wird eine Integration vorgesehen.

Die möglichen Lösungen für die Teilfunktionen des zu findenden Begriffs sind unten zusammenfasst [75]:

- Zufuhr von mechanischer Energie aus dem Formgedächtniseffekt,
- Verformung der Membran,
- Wärmeleitung an die Oberfläche,
- Übertragung von mechanischer Energie auf die Oberflächenverformung.

Aus der Tabelle werden drei Konzepte hergeleitet.

Nach Festlegung der grundlegenden Funktionsweise des thermomechanischen Enteisungssystems durch die Auswahl eines Konzepts steht noch die Entscheidung über die Form des Enteisungssegments aus. Für das Funktionsmuster ist es notwendig, eine geeignete äußere Kontur zu bestimmen. Diese Kontur soll die Fläche nahtlos abdecken. Daher bleiben gleichseitige Dreiecke, Quadrate und regelmäßige Sechsecke als geeignete Grundformen übrig. Die Wahl der sechseckigen Grundform erfolgt, da sie unter den drei möglichen Grundformen der Kreisform am nächsten kommt. Dies bietet den Vorteil, dass Ecken mit stumpfen Winkeln entstehen, wodurch Totzonen der mechanischen Verformung minimiert werden [75].

6.2 Bestimmung der Einflussgrößen

Zur realistischen Beschreibung der Charakteristiken des Enteisungskonzepts werden die folgenden Eigenschaften untersucht [75]:

- Drahtschlingendurchmesser (DDS)
- Drahtdurchmesser (D_{Draht})
- Membrandicke (d)
- Position des Drahts bzw. Exzentrizität (ϵ)
- Innenkreisdurchmesser des Sechsecks ($D_{\mathrm{Innenkreis}}$)
- Elastizitätsmodul des Matrixmaterials
- Wärmeleitfähigkeit des Matrixmaterials
- Wärmkapazität des Matrixmaterials

Die Parameter können in zwei Gruppen (Abb. 6.3) unterteilt untersucht werden, nämlich in geometrische Eigenschaften und Materialeigenschaften. Abb. 6.2 veranschaulicht die geometrischen Parameter. Die geometrischen Parameter sind Drahtschlingendurchmesser, Drahtdurchmesser, Innenkreisdurchmesser ($D_{\mathrm{innenkreis}}$), Exzentrizität (Abstand zwischen der Position der Drahtschlinge und dem Mittelpunkt der Membran) und die Membrandicke (d). Da Nitinol als FGL verwendet wird, sind seine wesentlichen Materialeigenschaften wichtig. Allerdings sind die Eigenschaften des zu verwendenden Elastomers noch nicht festgestellt. Deswegen ist es nötig die Konstruktionsparameter zu bezeichnen und zu untersuchen [24]. Damit kommen

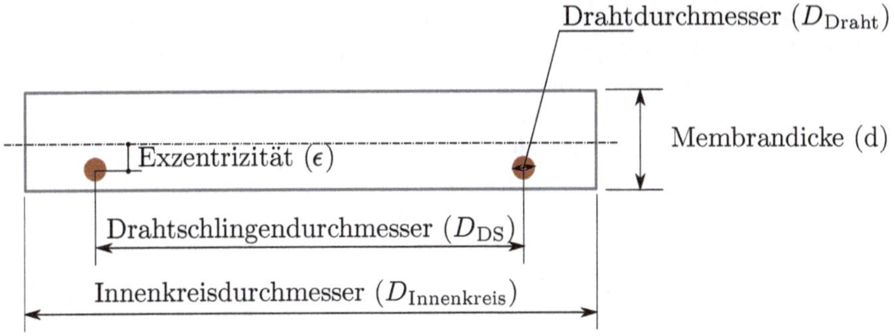

Abb. 6.2 Die von der Geometrie abhängigen Parameter [75]

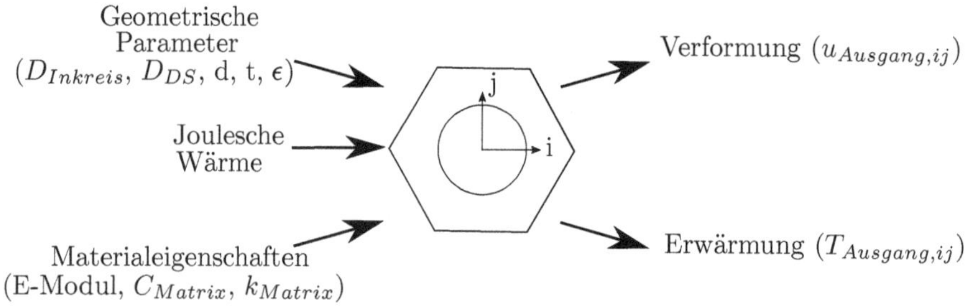

Abb. 6.3 Die beeinflussenden Parameter der Transferfunktion, mit Änderung aus [75] übernommen

zu den geometrischen Parametern die folgenden drei Materialparameter (Gruppe zwei) hinzu. Die von den Materialien abhängigen Parameter sind Elastisitätsmodul, Wärmekapazität (C_{Matrix}) der Matrix und das Steifigkeitsverhältnis θ_k zwischen Matrix und Aktor.

Im Rahmen dieser Analyse der Segmentparameter ist die relevante Eingangsvariable der elektrische Strom bzw. die Joule-Wärme, die als Energiequelle für die Erwärmung des Drahtes dient und damit die Phasenumwandlungen steuert. Die sich daraus ergebenden Membranverformungen ($u_{Ausgang,ij}$) und mechanischen Spannungen sowie die Temperaturverteilung ($T_{Ausgang,ij}$) an der Oberfläche werden als Ausgangsgrößen betrachtet (Abb. 6.3).

Um den Umfang der Parameterstudie zu quantifizieren, werden die geometrischen Parameter für die Untersuchung ausgewählt. Die Motivation für die Beschränkung der Parameter liegt in dem Ziel, den Simulationsprozess für die gewählten Parameterwerte zu beschleunigen, um die gewünschten Erkenntnisse zu erreichen. Dies ermöglicht eine schnellere Auswertung der Ergebnisse und erleichtert eine umfassende Analyse ihrer Auswirkungen auf die Verformung und Wiederherstellung der Form der Membran sowie auf die Wärmeübertragung.

Zusätzlich ist Joulesche Wärme eine Quelle der Aktivierung. Mit einem höheren oder niedrigeren Strom kann die Erwärmung beschleunigt werden. Während der Erwärmung kann der Draht jedoch überhitzt werden, wodurch die Mikrostruktur der Legierung beschädigt wird. Damit der Strom den Grenzwert nicht überschreitet, steuert ein Kontrollsystem die Aktivierung und Deaktivierung des Drahtes.

Obwohl die zusammengefügten Enteisungssegmente für die Vorderkante des Flügels vorgesehen sind, bleibt der Fokus in dieser Arbeit auf einem Enteisungssegment und der Untersuchung seiner charakteristischen Eigenschaften. Aus diesem Grund wird die Interaktion zwischen mehreren Segmenten hier nicht behandelt. In Anbetracht der aufwendigen Berechnungen wird das Segment auf ein symmetrisches Ein-Zwölftel-Modell reduziert. Abb. 6.4 zeigt das Modell mit den Randbedingungen. Bei der Durchführung der FEA wurde bewusst ein symmetrisches 1/12-Modell gewählt. Der Versuch, ein kleineres Modell zu verwenden, führte jedoch zu Konvergenzproblemen, die die Genauigkeit der Analyse beeinträchtigten. Aus diesem Grund wurde beschlossen, das ursprüngliche 1/12-Modell beizubehalten, um eine zuverlässige und konvergenzstabile Analyse zu gewährleisten.

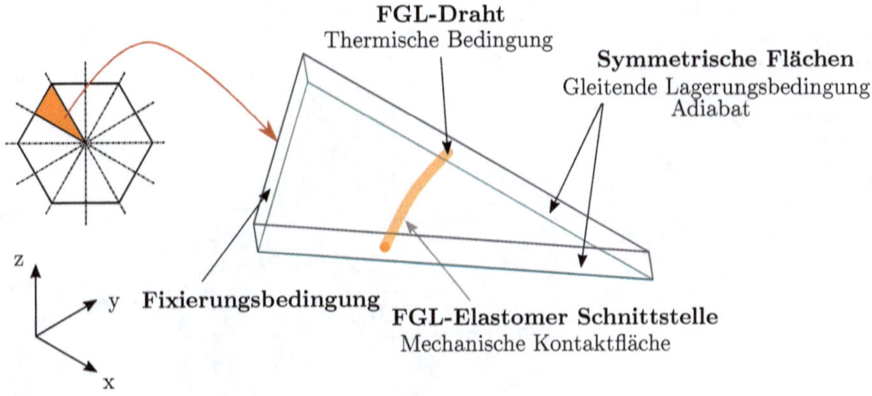

Abb. 6.4 Ein-Zwölftel-Modell und Bedingungen für die Darstellung von Symmetrie und externer Befestigung, mit Änderung aus [24] übernommen

Die rückseitige Fixierung erfolgt in drei Raumrichtungen, indem das Elastomer an den äußeren Seiten an die Trägerstruktur angeklebt wird. In diesem Modell sind die Symmetrieflächen als wärmedicht definiert und unterliegen gleitenden Lagerungsbedingungen. Die Gleitbedingung bezieht sich auf den Drahtquerschnitt in der Symmetrieebene sowie auf die Schnittflächen der Elastomermembran. Die untere Seite hat die Freiheit, sich ungehindert zu verformen. Die obere Seite des Elastomers kann sich auch frei verformen, solange sich keine massive Eisschicht an der Oberfläche definiert wird. Elektrische Kontakte und Thermoelemente werden im Modell vernachlässigt. Das Modell besteht aus Elastomer und FGL-Draht, wobei eine Kontaktbedingung zwischen dem FGL-Draht und der Elastomermembran beschrieben wird. Diese Bedingung spiegelt wider, dass der Draht die Verformung der Elastomermembran mitverfolgt und somit an der Berührungsfläche die gleiche Verformung erfährt [75].

6.3 Modellierung des FGL-Materials

Hauptziel ist das bestehende Konzept geometrisch zu untersuchen und zu optimieren. Die Untersuchung der Parameter wird mit der Finite-Elemente-Methode (FEM) durchgeführt, die die resultierenden Schubspannungen, Verformungen und Temperaturen an der Oberfläche des Enteisungskonzepts ermittelt. Zunächst wird eine einfache FE-Analyse entsprechend der idealen Kontraktion des Drahtes (4 %) durchgeführt, um den mechanischen Effekt zu beobachten. Bei der Analyse wird die Oberflächenverformung beobachtet. Abb. 6.5 zeigt die ausgewählten Punkte zum Vergleich mit der experimentellen Analyse für die Oberflächenverformung aus [24].

Die gemessenen Oberflächendaten und die oben erwähnten Messpunkte werden als Punktdiagramme in Abb. 6.6 dargestellt. Der Vergleich der berechneten

Abb. 6.5 Messpunkte zur Profilmessung der Verformung der Verformung der Funktionsprobe, mit Änderung aus [24] übernommen

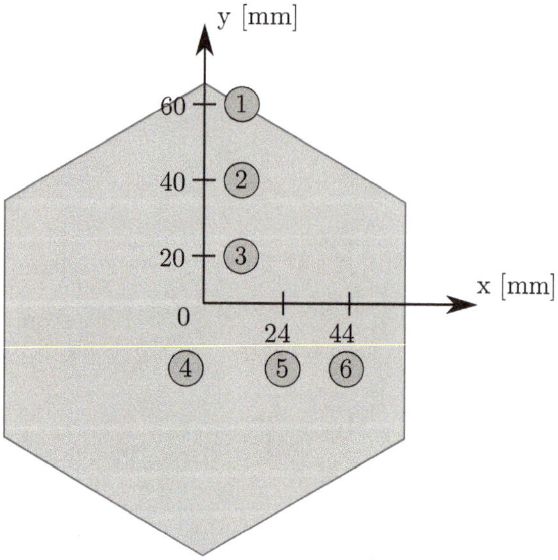

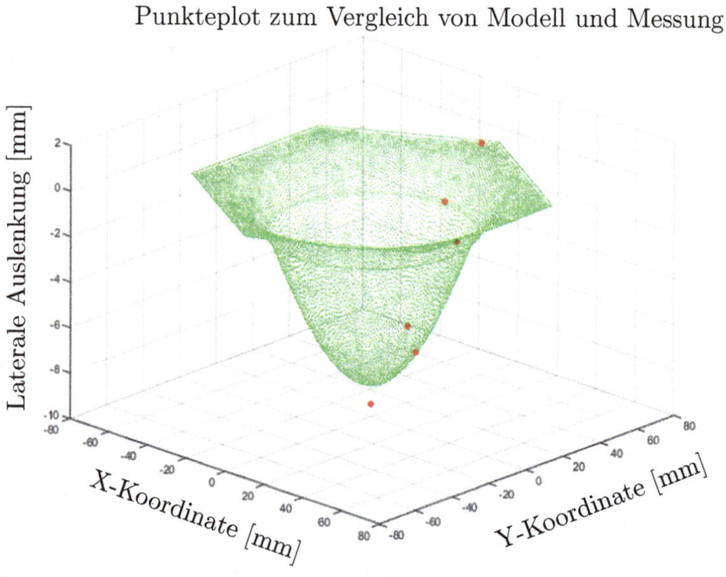

Abb. 6.6 Vergleich der berechneten Knotenverschiebung und der gemessenen Verschiebung an ausgewählten Punkten des Konzepts [24]

maximalen vertikalen Auslenkung von 9,46 mm in der Mitte der Membranoberfläche mit der gemessenen maximalen vertikalen Auslenkung von 10,1 mm zeigt eine Abweichung der mechanischen Verformung von 6,3 %.

Das FE-Modell zielt darauf ab, die thermisch und mechanisch gekoppelte nichtlineare Verformung des Ringaktors aus einer Formgedächtnislegierung und das hyperelastische Materialverhalten der Matrix darzustellen [71]. Die Materialeigenschaften der in der Simulation verwendeten Materialien sind in Tab. C.1 in Anhang C aufgelistet.

6.4 Parameterstudie

Eine Variation über die maßgeblichen geometrischen Parameter der Segmentdicke h, der relativen Exzentrizität ϵ, des Ringdurchmessers D_{DS} und des Innenkreisdurchmessers $D_{\text{Innenkreis}}$ zeigt deren Einfluss auf das thermische und mechanische Verhalten. Der Bereich der variierten Größen ist mit den Minimal- und Maximalwerten in Tab. 6.1 angegeben. Eine statisch-mechanische Analyse unter Berücksichtigung der beschriebenen Grenzfälle zeigt die resultierende Schubspannung auf das Segment, wenn eine dicke Eisschicht betrachtet wird, sowie die maximale Verschiebung der Segmentmitte bei einer nahezu unendlich dünnen Schicht. Die horizontalen Achsen der Abbildungen in diesem Unterabschnitt haben eine Skala von 0 bis 1 oder die Minimal- und Maximalwerte der variierten Größe. Der maximale Wert des Parameters in Tab. 6.1 wird als Bezugsgröße (100 % = 1) genommen. Die minimale Größe wird mit Maximum dividiert und zwischen 0 und 1 positioniert. Auf diese Weise wird der Einfluss der Höchst- und Mindestwerte auf die Spannungen und Verformungen simuliert. Die höchsten Werte der oben genannten Parameter sind in Tab. 6.1 angegeben [71].

In den Simulationen werden, wie oben erwähnt, eine sehr dicke und eine extrem dünne Eisschicht auf der Oberfläche der Matrix als Grenzfälle definiert. Mit dicker Eisschicht ist eine starre adiabatische Schicht gemeint. Dies bedeutet, dass die Oberfläche der Matrix vollständig eingeschlossen ist. Bei einer dünnen Eisschicht handelt es sich um die freie Oberfläche. Folglich ist die Oberfläche frei von mechanischen Zwängen und die Wärmeübertragung durch natürliche Konvektion ist möglich. Dadurch kann die Umgebungstemperatur in den Simulationen mit 25 °C angenommen werden [71].

Abb. 6.7 (links) zeigt die Veränderungen in der Verschiebung des Mittelpunkts durch Variation der relativen Größe der vier Parameter im Falle einer dicken Eisschicht auf der Matrixoberfläche. Eine Erhöhung der Segmentdicke bei gleich-

Tab. 6.1 Höchstwerte für die relativen Größen auf der x-Achse [71]

Parameter	Minimum	Maximum (100 %)
Segmentdicke (d)	2,47 mm	11 mm
Exzentrizität (ϵ)	- 0,5	0,58
Ringdurchmesser (D_{DS})	20 mm	90 mm
Innenkreisdurchmesser ($D_{\text{Innenkreis}}$)	100 mm	200 mm

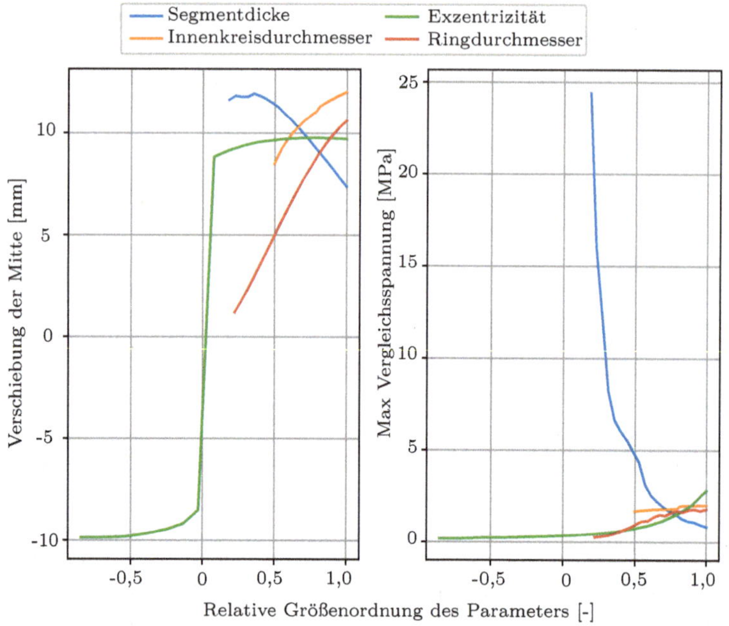

Abb. 6.7 Maximale Verschiebung der Mitte und Maximum Vergleichsspannung gegen Relative Größe aller Parameter im Falle einer dicken Eisschicht auf der Matrix Oberfläche [71]

bleibenden anderen Parametern führt dazu, dass das Segment sehr steif wird und sich unter Drahtkontraktion kaum noch biegen lässt. In Bezug auf den inneren Kreisdurchmesser kann im Vergleich zu den anderen Parametern kein signifikanter Einfluss festgestellt werden. Wenn die sechseckige Form als kreisförmige Platte betrachtet wird, lässt sich der Einfluss des inneren Kreisdurchmessers besser interpretieren. Der Radius der kreisförmigen Platte ist umgekehrt proportional zur Federsteifigkeit der Platte [76]. Je größer der Durchmesser, desto weicher wird die Platte und desto leichter lässt sich die Struktur verformen. Nach Abb. 6.7 zeigt die Mittenverschiebung einen Aufwärtstrend, wenn der Durchmesser der Drahtschleife zunimmt. Dies ist das erwartete Ergebnis, denn je länger der Draht ist, desto mehr zieht er sich zusammen und die Matrix wird zu einer größeren Verformung gezwungen [71].

Abb. 6.7 (rechts) veranschaulicht die Veränderung der maximalen Mises-Spannung der Grenzfläche zwischen dem Segment und einer dicken Eisschicht über die sich ändernden geometrischen Parameter. Hier stellt die unendlich dicke, starre Eisschicht einen Grenzfall dar, der die gesamte Segmentoberfläche einschließt. Die Erhöhung der Segmentdicke führt zu einer starken Abnahme der Spannung, während die Erhöhung der anderen Werte zu keinem signifikanten Unterschied führt. Die begrenzte Verformung an der Oberfläche aufgrund des Blockeises und die unzureichende Kontraktionskraft des Drahtes begrenzen ebenfalls die Spannungserzeugung [71].

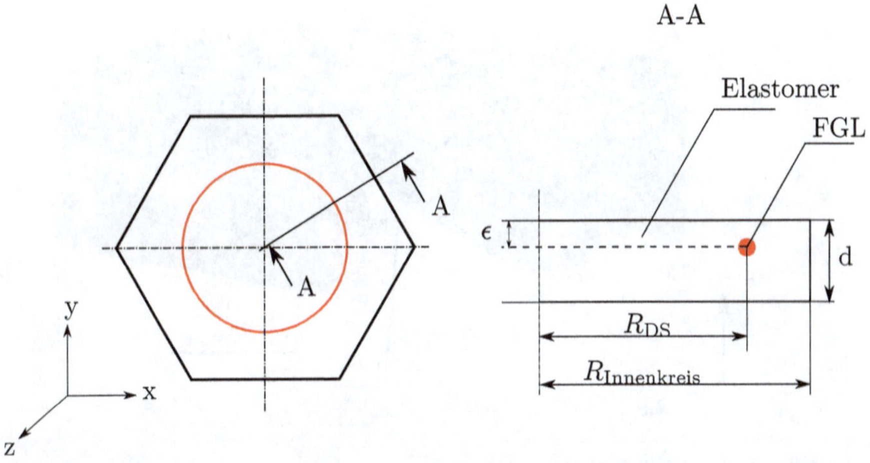

Abb. 6.8 Querschnitt durch das Enteisungssegment

Tab. 6.2 Geometrie des Enteisungssegments

d	R_{DS}	$R_{Innenkreis}$	ε
8 mm	40 mm	60 mm	– 50 %

Der zentrale Aspekt beim Entwurf ist die Strukturkonformität zwischen FGL-Draht und Elastomer. Wenn der FGL-Draht zu dünn ist, ist seine Steifigkeit im Vergleich zur Steifigkeit der Elastomermembran zu gering, so dass der Draht sie nicht verformen kann. Ein weiterer Aspekt ist der Wärmewiderstand zwischen Draht und Oberfläche. Je größer der Abstand zwischen diesen beiden Punkten ist, desto mehr Wärme wird im Elastomer gespeichert, anstatt übertragen zu werden [24]. Auf der Grundlage der Erkenntnisse aus der Parameterstudie wird eine bestimmte Geometrie (Abb. 6.8) für die weitere Untersuchung ausgewählt.

Die Größen aus Abb. 6.8 sind in Tab. 6.2 aufgelistet.

6.5 Untersuchung des Verhältnisses zwischen Drahtaktivierung und Oberflächentemperatur

Eine Parameterstudie trägt dazu bei, Schlüsselfaktoren zu identifizieren und den Fokus auf eine bestimmte Geometrie einzugrenzen. Der nächste Schritt ist die Vertiefung des Verständnisses der Beziehung zwischen Drahtaktivierung und Oberflächentemperatur, um die Leistung des Systems in Bezug auf die Wärmeübertragung zu optimieren.

In diesem Abschnitt werden die Einflüsse der Leistung und Aktivierungszeit für einen Draht unter Berücksichtigung der vereisten Elastomeroberfläche untersucht, dessen Transformationstemperaturen in Anhang C zu finden sind. Ziel der Analyse

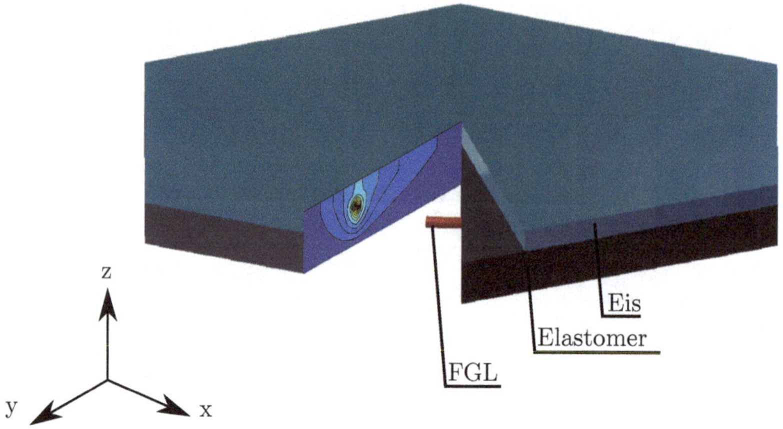

Abb. 6.9 Komponente des Enteisungssegments

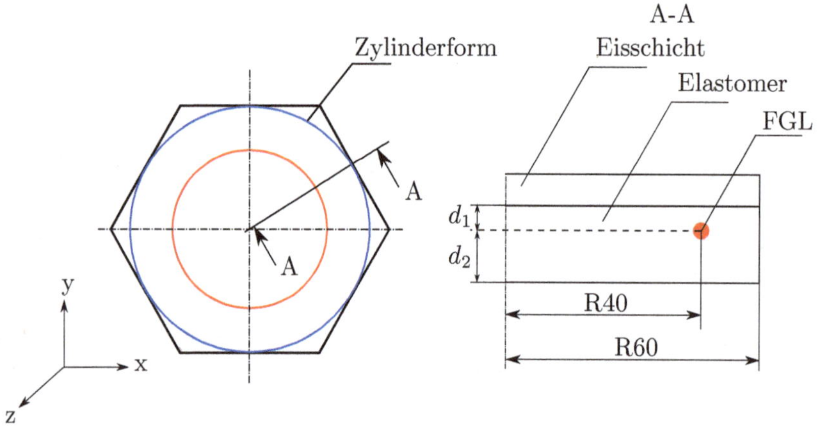

Abb. 6.10 Querschnitt durch das Enteisungssegment

ist das Verhalten des Konzepts zu veranschaulichen, damit es in der Lage ist, die Eisschicht zu entfernen, ohne sie zu schmelzen. Abb. 6.9 zeigt die Komponente für die Berechnung. Anstatt das gesamte Segment zu modellieren, wurde ein achsensymmetrischer Querschnitt in Bezug auf die z-Achse gewählt. Der eingebettete FGL-Ring wird als Wärmeabgabepunkt betrachtet.

Wegen der Form des Segments wird hier für die Finite-Differenz-Methode ein polares Koordinatensystem verwendet. Zur Vereinfachung der Berechnung wird die Geometrie wie eine zylindrische Form (Abb. 6.10 links) wegen des Innenkreises des Sechsecks betrachtet. Da mit dieser Annahme nur die Ecken vernachlässigt werden, ist das Ergebnis auf das gesamte Segment übertragbar. Für die Berechnung wird der achsensymmetrische Querschnitt des Segments (Abb. 6.10 rechts) berücksichtigt.

Der Wärmeübergang in einem Querschnitt kann mit der partiellen Differentialgleichung 6.1 beschrieben werden. In dieser Gleichung steht T für die Temperatur, $\dot{g}$

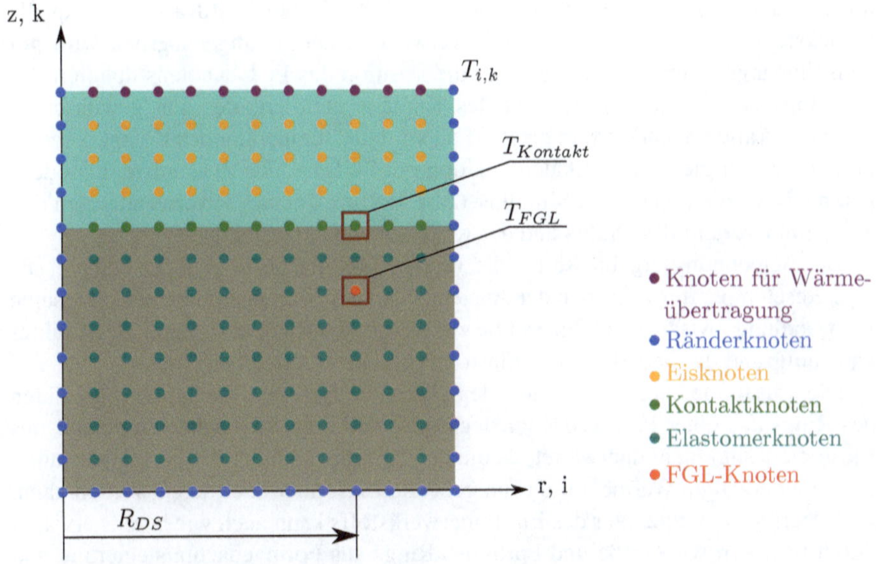

Abb. 6.11 Temperaturänderung des Drahts und der Kontaktstelle

für die Wärmeerzeugungsrate, k für die Wärmeleitfähigkeit, r und z für die Position in radialer bzw. axialer Richtung.

Nach [[77], Formel 1-12a] gilt (für weitere Erklärung Anhang A):

$$\frac{1}{r}\frac{\partial}{\partial r}\left(r\frac{\partial T}{\partial r}\right)+\frac{\partial^2 T}{\partial z^2}+\frac{1}{\lambda}\dot{g}=\frac{1}{\alpha}\frac{\partial T}{\partial t} \tag{6.1}$$

Abb. 6.11 zeigt die Knoten für Ränder, FGL, Eisschicht und Elastomermembran des Querschnitts aus Abb. 6.10. In dieser Berechnung wird das Segment mit einer Eisschicht auf der Oberfläche des Elastomers betrachtet. Die Anfangstemperatur der Knotenpunkte ist gleich der Umgebungstemperatur zu Beginn. Die unteren und seitlichen Knoten (Ränderknoten) bleiben bei der Initialtemperatur während der Berechnung. Die oberen Knoten der Eisschicht werden für die Wärmeübertragung ($h = 2{,}5\,\mathrm{W\,m^{-2}\,K^{-1}}$) verwendet. Zwischen Eisschicht (Eisknoten) und Elastomer (Elastomerknoten) gibt es Kontaktknoten.

Die Berechnung der Temperaturverteilung im 2D-Modell beginnt mit Finite-Differenzen-Methode (FDM). Danach wird das Wärmeleitungsproblem in der FDM-Lösung nach dem 5-Punkte-Stern umformuliert. Die Berechnungsmethode dafür wird in Anhang B detailliert erklärt. In diesem Fall werden die Temperaturwerte mit Koeffizienten beschrieben. Diese Koeffizienten werden in der Systemmatrix des Zustandsraummodells verwendet. Die Summe der Temperaturwerte wird mit der Temperaturänderung des zentralen Knotens gleichgesetzt. Dies wird für jeden Knoten mit Ausnahme der Randbedingungen angewandt. Die Randbedingungen werden als Vektor geschrieben und dem Zustandsraummodell hinzugefügt. Der Formgedächtnislegierung (FGL)-Knoten wird als Wärmequelle berücksichtigt und als Eingangsgröße verwendet. Diese Eingangsgröße wird mit dem Eingangsvektor multipliziert, der die Position des FGL-Knotens definiert. Im Ausgangsvektor wird die Position des Knotens definiert, der den gewünschten Temperaturknoten markiert. In diesem Fall wird die Temperatur des Kontaktknotens gesucht, der in gleicher vertikalen Position mit FGL ist. Die Zustandsraummodellparameter werden danach in Simulink (Abb. B.4 in Anhang B) verwendet, um den Temperaturverlauf des Drahts und der Kontaktstelle darzustellen.

Die Berechnungsergebnisse für die vereiste Oberfläche zeigen, dass eine große Hysteresetemperatur zwischen der Austenit- und der Martensitphase eine langsame Umwandlung zwischen den Phasen bewirkt. Aber die Rückverformung des Drahtes kann aufgrund der Federkraft des Elastomers nicht so schnell erfolgen.

Die Zusammenhänge zwischen den Aktivierungs- und Deaktivierungszyklen des Rings aus einer Formgedächtnislegierung und der Oberflächentemperatur des Elastomers sind nicht unerwartet, da die bei der Umwandlung der Formgedächtnislegierung erzeugte Wärme auf das umgebende Elastomer übertragen werden kann. Die Oberflächentemperatur des Elastomerwerkstoffs kann auch wie bereits erwähnt durch Faktoren wie Größe und Form des Rings aus Formgedächtnislegierung und die Wärmeleitfähigkeit der beteiligten Werkstoffe beeinflusst werden. In diesem Fall konzentriert sich die Analyse auf die Umwandlungstemperatur und ihren Einfluss auf den Oberflächentemperaturzyklus.

Für die Berechnungen werden drei unterschiedliche Drähte ausgesucht. Die Drähte eignen sich gut für Experimente und die Umsetzung. Zusätzlich wird ein vierter Draht in der Berechnung verwendet. Der vierte Draht hat bis auf M_f gleiche Transformationstemperaturen wie der dritte Draht. Der Unterschied ist, dass die Einschalttemperatur 20 °C niedriger ist M_f des dritten Drahts. Das Ziel ist, die Wirkung auf die Oberflächentemperatur zu zeigen. Tab. 6.3 enthält die Ein- und Ausschalttemperaturen für vier unterschiedliche FGL-Drähte aus Abb. 6.12 und die entsprechenden Oberflächentemperaturen für $t = 40$ s. Flexinol HT und Flexinol LT haben eine hohe A_f und M_f. Wegen der hohen Temperaturwerte, sammelt sich die Wärme im Elastomer an. Folglich überschreitet die Oberflächentemperatur 0 °C. IngPuls hat eine geringere Einschalttemperatur. Dies wirkt sich auf die Oberflächentemperatur aus, so dass die Oberflächentemperatur nicht über 0 °C steigt. Bei IngPuls* erreicht die Temperatur an der Kontaktstelle 2,5 °C.

Anstatt M_f zum Ausschalten des Stroms zu verwenden, ist es auch möglich, eine niedrigere Temperatur als die M_f zur Reaktivierung des Drahtes zu verwenden, was in der Tat mehrere Vorteile haben kann. Erstens kann dadurch

Tab. 6.3 Transformationstemperaturen und ihre Einflüsse auf die Oberflächentemperaturen

Draht	A_f [78]	M_f [78]	$T_{Kontakt}$	Arbeitsfrequenz
Flexinol HT	86 °C	46 °C	2,4 °C	0,2 Hz
Flexinol LT	82 °C	42 °C	1,9 °C	0,2 Hz
IngPuls	60 °C	32 °C	– 0,7 °C	0,9 Hz
IngPuls*	60 °C	12 °C	– 2,5 °C	0,2 Hz

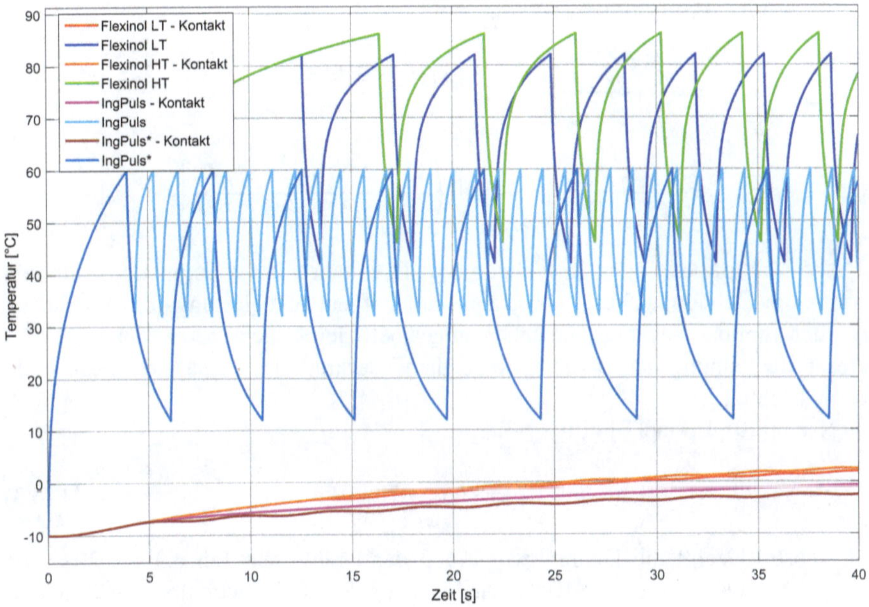

Abb. 6.12 Temperaturänderung unterschiedlicher FGL-Drähte und der Kontaktstelle

mehr Zeit nicht nur für die Rückverformung des Drahtes, sondern auch für das Elastomer gewonnen werden. Zweitens kann die Verwendung einer niedrigeren Temperatur für die Reaktivierung auch dazu beitragen, die Oberflächentemperatur des Elastomermaterials niedriger als die Schmelztemperatur zu halten, was für die mechanische Wirkung wichtig ist. Es ist jedoch zu beachten, dass eine niedrigere Temperatur für die Reaktivierung auch den Energiekonsum des thermomechanischen Enteisungssystems beeinträchtigen kann, da die Aktivierung des Drahts mehr Zeit in Anspruch nehmen kann. Daher muss bei der Entwicklung und Optimierung des Systems möglicherweise ein Kompromiss zwischen der Erholungszeit der Formgedächtnislegierung und der Energieeffizienz des Systems in Betracht gezogen werden.

6.6 Untersuchung der Drahtdehnung anhand der Drahtzyklen

Neben der temperaturbedingten Phasenänderung ist auch die Änderung der Dehnung aufgrund der Formänderung des Elastomers von besonderer Bedeutung. Für die Bestimmung des Zusammenhangs zwischen Dehnung und Drahttemperatur wird die Gleichung 6.2 verwendet. Die Vorgehensweise [79] basiert auf der Phasentransformation von Austenit zu Martensit (vorwärts) und von Martensit zu Austenit (rückwärts).

Nach [[79], Formel 9 und 10] gilt:

$$\alpha_{bwd} = \frac{\varepsilon_{max}}{2(T - T_{ref})}\left[1 + \tanh\left(\frac{T - 0,5(A_s + A_f)}{0,5(A_f - A_s)}\right)\right]$$
$$\alpha_{fwd} = \frac{\varepsilon_{max}}{2(T - T_{ref})}\left[1 + \tanh\left(\frac{T - 0,5(M_s + M_f)}{0,5(M_s - M_f)}\right)\right] \quad (6.2)$$

Die Multiplikation des Ausdehnungskoeffizienten mit der Temperaturänderung ergibt die Dehnung. Dieser Ansatz basiert auf einem belastungsfreien Zustand, wo der Einfluss des Materialausdehnungskoeffizients nicht betrachtet wird. Bei dieser Berechnung der Dehnung wird die Federkraft des Elastomers auch nicht berücksichtigt.

Nach [[79], Formel 8] gilt:

$$\varepsilon_T = \alpha(T - T_{\text{initial}}) \quad (6.3)$$

Abb. 6.13 zeigt die Dehnungsänderung der Drähte aus Tab. 6.3 für 20 s. Die Umgebungstemperatur ist −10 °C. Die Dehnung des Drahts wird über die Temperaturänderung bestimmt. In dieser Berechnung wird die höchste Dehnung als ε_{max} = 0,04 genommen, weil der Dehnungswert im thermischen Training für die Fertigung des Funktionsmusters auch so ist. Dafür wird die Methode für die Bestimmung des nichtlinearen Ausdehnungskoeffizienten von [79] verwendet. Die gleichen Aktivierungs- und Deaktivierungstemperaturen gelten auch für Abb. 6.13. Für die

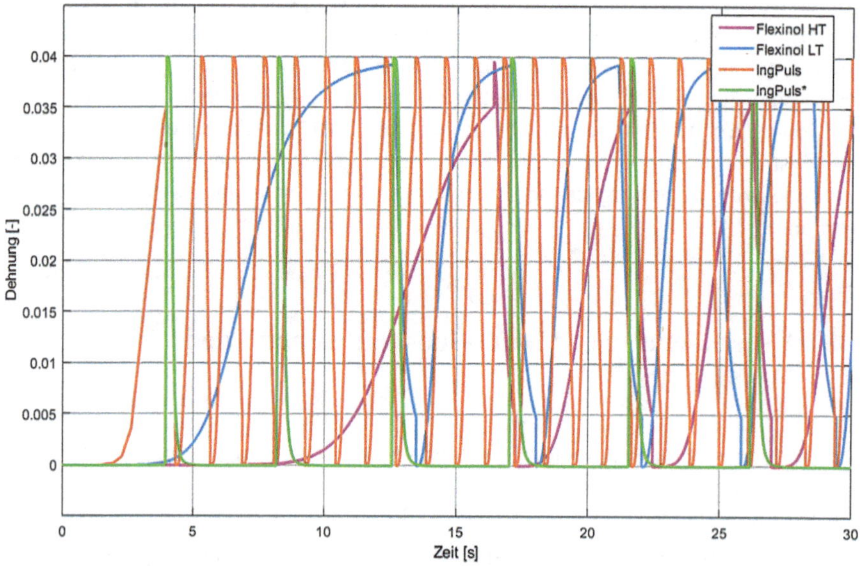

Abb. 6.13 Dehnungsänderung der Drähte

Drähte mit hoher Austenit-Finishtemperatur (Flexinol *High temperature* (HT) und *Low temperature* (LT)) dauert es länger im Vergleich zu den anderen Drähten bis ε_{max} erreicht wird. Auf der anderen Seite zeigt IngPuls eine höhere Arbeitsfrequenz (0,9 Hz). Als letztes wird IngPuls* mit einer niedrigeren (M_f – (20 °C)) Einschalttemperatur untersucht. In diesem Szenario verbringt der Draht mehr Zeit in der Martensitphase. Diese Wartezeit ermöglicht nicht nur mehr Wärmetransport, sondern auch mehr Aufschub für die Rückverformung des Elastomers.

Einerseits wirkt sich die Temperaturkontrolle langfristig auf das Dehnungsverhalten des FGL-Drahts aus, indem die Oberflächentemperatur unter dem Schmelzpunkt gehalten wird. Andererseits zeigt die experimentelle Analyse der langfristigen Auswirkungen mehrerer Zyklen, dass sich dies auf die Effizienz des Systems hinsichtlich der Verformung und Rückverformung der Elastomermatrix auswirkt. Im Funktionsmuster tritt der extrinsische Zwei-Weg-Effekt auf, bei dem der Draht sich verformt und dank der Federkraft des Elastomers wieder in seinen ursprünglichen Zustand zurückkehrt. Nach mehreren Zyklen der Drahtaktivierung nimmt die Stärke dieses Effekts jedoch ab. Dies kann auf verschiedene Faktoren zurückgeführt werden, wie zum Beispiel die plastische Kriechdeformation des Elastomers, die Ansammlung plastischer Verformungen und der Aufbau einer Vorspannung im FGL-Draht [75].

Abb. 6.14 zeigt einen Vergleich der Ergebnisse für die Veränderung der Oberflächenverformung bei Raumtemperatur nach der Herstellung und nach dem ersten

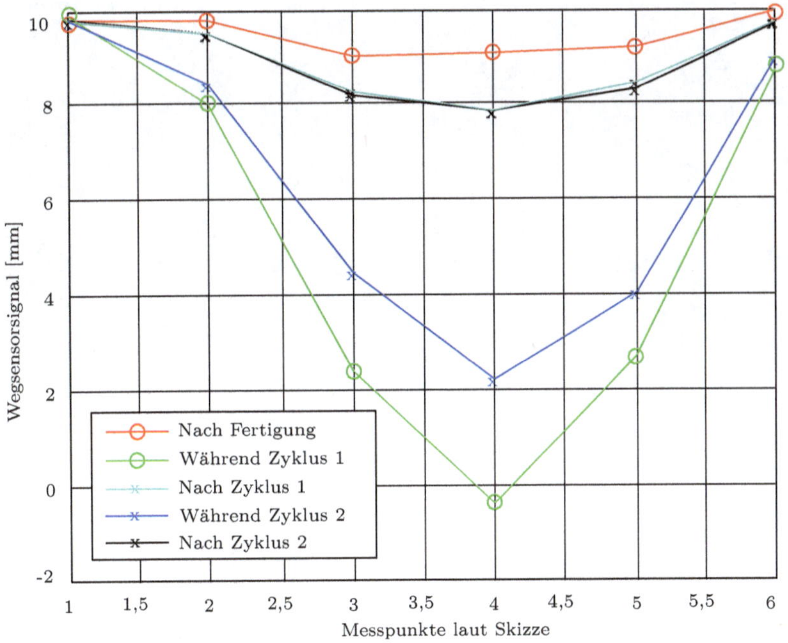

Abb. 6.14 Degradationsverhalten des Funktionsmusters für 375 µm [75]

und zweiten Zyklus. In diesem Funktionsmuster wird Flexinol LT mit einem Durchmesser von 375 µm verwendet. Auf der x-Achse sind die Punkte aus Abb. 6.5, auf der y-Achse ist die Verschiebung.

6.7 Zusammenfassung

Dieses Kapitel konzentriert sich auf die Identifizierung von Einflussgrößen innerhalb des Enteisungskonzepts. Außerdem wird die Parameterstudie erläutert, die eine Analyse des zeitlichen und räumlichen Verhaltens des Systems ermöglicht. Im Anschluss daran wird der Einfluss der Drahtaktivierung auf den Kontaktpunkt untersucht. Es ist wichtig, dass der mechanische Effekt mit dem thermischen Effekt koexistiert, ohne dass die Eisschicht durch den thermischen Effekt schmilzt. Daher werden verschiedene Steuerungsszenarien berechnet und diskutiert, die darauf abzielen, die Oberflächentemperatur unter der Schmelzgrenze zu halten.

Kapitel 7
Fertigung des Enteisungssegments

> Es ist nicht genug zu wissen, man muß auch anwenden; es ist nicht genug zu wollen, man muß auch tun.
>
> – Johann Wolfgang von Goethe

In diesem Kapitel wird der Herstellungsprozess eines Funtionsmusters eines Enteisungssegments behandelt, das mit einem ringförmigen FGL in ein Elastomermaterial eingebettet ist. Das Ziel ist die Entwicklung eines robusten und effektiven Enteisungssystems, das Eisansammlungen auf umströmten Oberflächen effizient entfernen kann. Die Integration von FGL in ein Elastomermaterial ermöglicht eine kontrollierte und wiederholbare Betätigung, die es dem Enteisungssegment ermöglicht, seine Form anzupassen und mechanische Kräfte auf die Eisschicht auszuüben.

Die erfolgreiche Fertigung eines hochwertigen Funktionsmusters ist ein entscheidender Schritt auf dem Weg zur praktischen Anwendung des thermomechanischen Enteisungssystems. Dieses Kapitel enthält eine umfassende Darstellung des Ansatzes zur Herstellung des Funktionsmusters, der die Auswahl geeigneter Materialien, Designüberlegungen, Fertigungstechniken, Qualitätskontrollmaßnahmen und Leistungstests umfasst.

7.1 Eigenschaftsprofil des Segments

Bei der Herstellung des Funktionsmusters wird eine Nickel-Titan (NiTi) Formgedächtnislegierung mit einem Zusammensetzungsverhältnis von 50 % Nickel und 50 % Titan verwendet. Diese Legierung weist die gewünschten Formgedächtnis-

O. Tamer, *Thermo-mechanisches Enteisungssystem auf Basis von Formgedächtnislegierungen*, Mechanics and Adaptronics,
https://doi.org/10.1007/978-3-662-69337-7_7

eigenschaften auf, die für das thermomechanische Enteisungssegment erforderlich sind.

Als Elastomerwerkstoff wurde Sylgard 184 aufgrund seiner Eignung für den Herstellungsprozess ausgewählt. Sylgard 184 bietet ein einfaches Herstellungsverfahren und gleichzeitig einen breiten Betriebstemperaturbereich von −45 °C bis 200 °C. Diese Eigenschaft ist von größter Bedeutung, da sie mit der Drahtaktivierungstemperatur und den Arbeitstemperaturanforderungen des Enteisungssegments übereinstimmt.

7.2 Planung der Fertigung

Die Planung für die Fertigung des Enteisungssegments ist in Abb. 7.1 dargestellt. Für die geometrischen Eigenschaften des Elastomers, des Rings einschließlich seiner Position ist der Parameterstudie im vorherigen Kapitel als Referenz genommen.

In diesem ersten Schritt wird der innere Teil des Elastomers durch ein Formgebungsverfahren vorbereitet. Bei diesem Verfahren wird das Elastomermaterial in die gewünschte Form gegossen, die dann als Kern des Enteisungssegments dient. Parallel dazu wird der Draht im dritten Schritt konditioniert, um eine Dehnung von 4 % zu erreichen. Bei diesem Konditionierungsprozess, der als thermisches Training bezeichnet wird, wird der SMA-Draht kontrollierten Erwärmungs- und Abkühlungszyklen unterzogen, um die gewünschten Formgedächtniseigenschaften zu erreichen. Die Dehnung von 4 % gewährleistet eine optimale Leistung des Drahtes, wenn er während des Enteisungsprozesses verformt wird. Im zweiten Schritt wird das Elastomer-Innenteil vorsichtig in eine sechseckige Form eingesetzt. Anschließend wird der Draht aus einer Formgedächtnislegierung um das innere Elastomerteil gebunden. Bei diesem Drahtbindungsprozess wird der Draht präzise

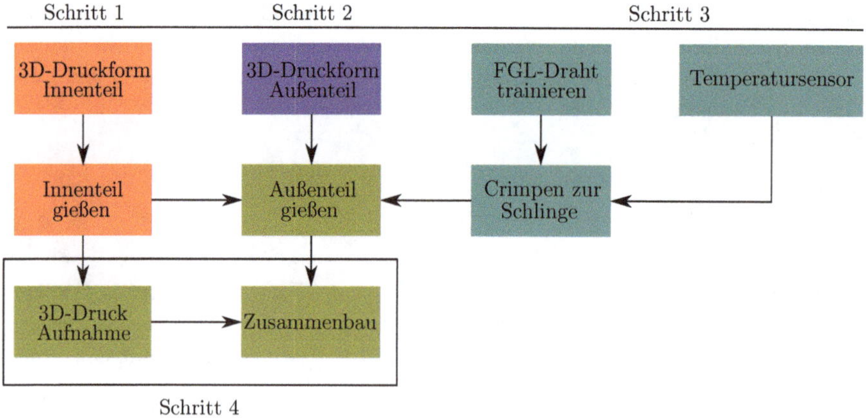

Abb. 7.1 Fertigungsplan für die Herstellung des Segments, mit Änderung aus [75] übernommen

um den Kern gewickelt, um eine gleichmäßige Verteilung und sichere Befestigung zu gewährleisten. Sobald die Drahtbindung abgeschlossen ist, wird das Elastomermaterial in die Form gegossen. Als letztes ist das Elastomer, in das der Draht eingebettet ist, nun bereit für die Integration mit einem 3D-gedruckten Trägerteil. Das Trägerteil dient als Befestigungsmechanismus für das Enteisungssegment und ermöglicht dessen Installation und Betrieb auf der gewünschten Oberfläche.

7.3 Fertigungsprozess

Ziel dieses Herstellungsverfahrens ist es, die Schritte zur Herstellung eines thermomechanischen Enteisungssegments zu skizzieren, das die einzigartigen Eigenschaften von Elastomeren und Drähten aus Formgedächtnislegierungen nutzt.

Im Laufe dieses Herstellungsprozesses wird sich Schritt für Schritt mit den Verfahren zur Herstellung des thermomechanischen Enteisungssegments beschäftigt. Angefangen bei der Auswahl geeigneter Elastomere und FGL-Drähte werden die Materialvorbereitung, die Formgebungstechniken, die Drahtintegrationsmethoden, die Aushärtungsprozesse und die Qualitätskontrollmaßnahmen untersucht, die für die Herstellung robuster und zuverlässiger Enteisungssegmente erforderlich sind.

7.3.1 Vorbereitung des FGL-Drahts für das Enteisungssegment

Das thermische Training ist ein entscheidender Schritt, um eine plastische Dehnung im FGL vor seiner Einbettung in die Elastomermembran zu erzeugen. Die plastische Dehnung vor der Einbettung ist wichtig, um den Formgedächtniseffekt zu erhalten und seine Degradation zu verhindern. Darüber hinaus erleichtert das thermische Training den Aufbau eines extrinsischen Zwei-Wege-Effekts, indem es die Unterstützung durch einen intrinsischen Zwei-Wege-Effekt ausnutzt.

In Abb. 7.2 wird der Versuchsstand dargestellt. Um eine konstante mechanische Spannung aufrechtzuerhalten, wird der Draht mit einer Gewichtskraft belastet, die durch Anbringen einer Masse erreicht wird. Für einen Draht mit einem Durchmesser von 375 µm ist eine Masse von 4,28 kg erforderlich. Um die Temperatur des Drahtes zu erhöhen, wird eine Widerstandsheizung eingesetzt. Ein Strom von 1,4 A führt zu einer Temperatur von ca. 90 °C, begleitet von einem Spannungsabfall von 0,9 V. Es ist zu beachten, dass das Verhältnis zwischen Stromstärke und Beharrungstemperatur durch Luftströmungen in der Umgebung des Drahtes und die Raumtemperatur beeinflusst wurden. Um den Strom zu variieren, wird ein Arduino-Programm verwendet, das einen Feldeffekttransistor (MOSFET) durch Pulsweitenmodulation (PWM) steuert [75].

Das thermische Training wird gemäß den Empfehlungen des Drahtherstellers durchgeführt [80]. Während des thermischen Trainings wird der FGL-Draht mit

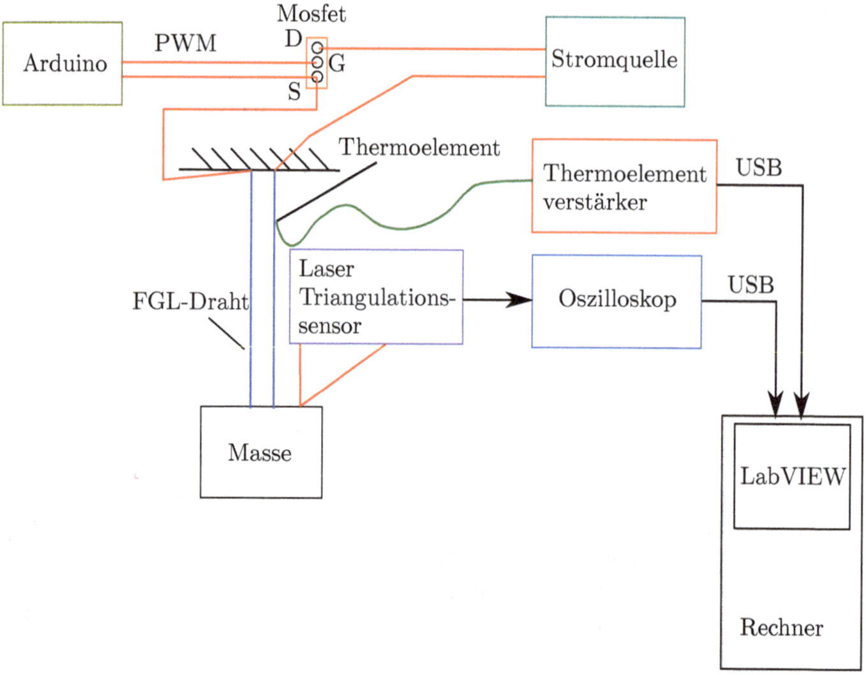

Abb. 7.2 Thermisches Training für den FGL-Draht (375 µm Durchmesser), mit Änderung aus [75] übernommen

einer mechanischen Spannung von 190 MPa beaufschlagt. Der Draht wird zyklisch erwärmt und abgekühlt, wodurch er zwischen den Phasen Austenit und Martensit wechselt.

Während des thermischen Trainingsprozesses werden Dehnungs- und Temperaturwerte des FGL-Drahtes mit LabView-Program aufgezeichnet. Abb. 7.3 veranschaulicht die Veränderung der Dehnung in Abhängigkeit von der Temperatur. Die rote Kurve entspricht dem Dehnungsverhalten während des ersten Aktivierungszyklus, während die grüne Kurve das Dehnungsverhalten während des letzten Aktivierungszyklus darstellt.

Aus der in der Abbildung dargestellten Hysteresekurve lassen sich wichtige Informationen über die Übergangstemperaturen ableiten. Übergangstemperaturen (Tab. 7.1) sind signifikante Punkte auf der Hysteresekurve, die wichtige Phasenumwandlungen innerhalb des Drahtes kennzeichnen.

7.3.2 *Fertigung des Matrixmaterials*

Bei der Produktion des Silikonelastomers (Sylgard 184) werden zunächst das Basispolymer und ein Vernetzungsmittel in einem Massenverhältnis von 10:1

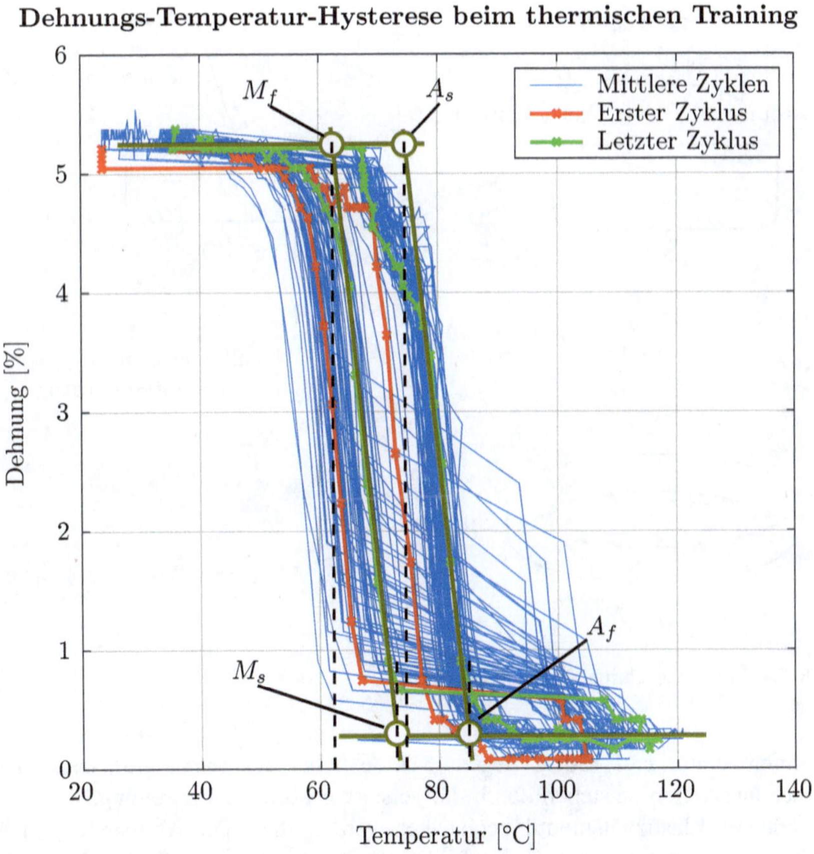

Abb. 7.3 Dehnung-Temperatur Diagramm für den FGL-Draht (375 µm Durchmesser nach dem thermischen Training), mit Änderung aus [75] übernommen

Tab. 7.1 Transformationstemperaturen aus dem thermischen Training

M_s	M_f	A_s	A_f
72 °C	63 °C	75 °C	85 °C

vermischt (Abb. 7.4a). Die Mischung wird 5 Minuten gemischt, um eine gleichmäßige Verteilung des Vernetzungsmittels in der Polymermatrix zu gewährleisten. Anschließend wird die Mischung 15 Minuten einem Entgasungsprozess unterzogen, um eingeschlossene Luftblasen zu entfernen (Abb. 7.4b). Dieser Schritt ist entscheidend, um ein blasenfreies und mechanisch kontinuierliches Material zu erhalten. Nach der Entgasung wird eine Sichtprüfung durchgeführt, um das Fehlen von Luftblasen festzustellen.

Die nächste Phase ist der Aushärtungsprozess, bei dem die entgaste Silikonmasse vernetzt wird, um eine dreidimensionale Netzwerkstruktur aufzubauen. Die im Datenblatt des Herstellers angegebene Vulkanisationstemperatur kann zwischen

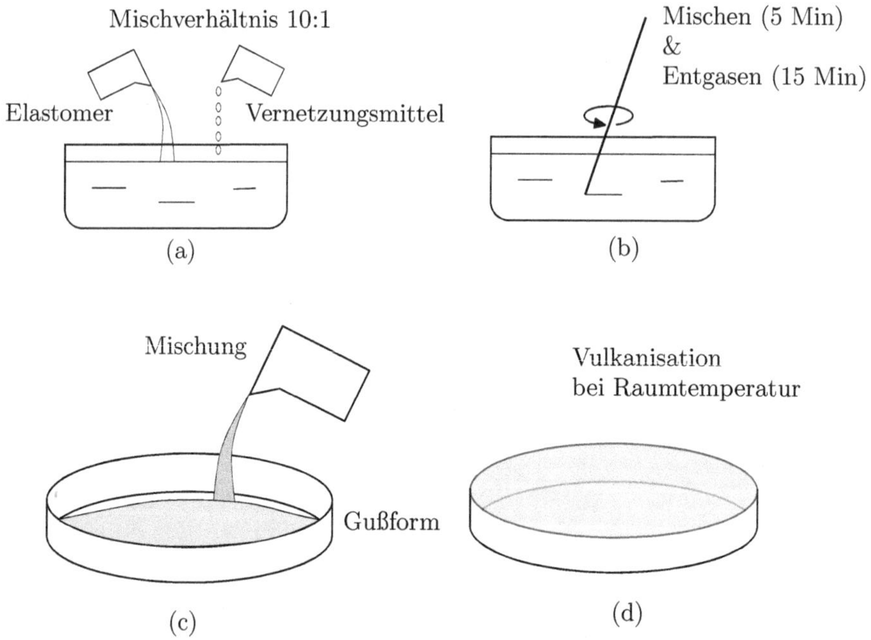

Abb. 7.4 Fertigungsschritte für Elastomermaterial

Raumtemperatur und 150 °C liegen [81]. Je höher die Temperatur, desto mehr Vernetzungsketten entstehen durch die verstärkte Molekularbewegung. Dies kann als höherer Elastizitätsmodul beobachtet werden [82]. Die Verwendung hoher Temperaturen bringt jedoch Herausforderungen mit sich, wie z. B. die Notwendigkeit einer temperaturbeständigen Form. Außerdem können erhöhte Temperaturen den Draht aktivieren, was eine umgekehrte Phasenumwandlung bewirkt und den Dehnungszustand des Drahtes nach der Herstellung verändert.

Sobald die entgaste Silikonmasse hergestellt ist, wird sie in eine 3D-gedruckte Form gegossen und 48 Stunden lang bei Raumtemperatur belassen, um den Aushärtungsprozess zu ermöglichen (Abb. 7.4c, d). Während dieser Zeit schreitet die Vernetzungsreaktion voran und führt zur Bildung eines vollständig ausgehärteten Silikonelastomers.

7.3.3 Fertigung des Enteisungssegments

Im nächsten Schritt wird der Herstellungsprozess des Funktionsmusters erläutert, das aus einem Elastomer und einem FGL-Ring besteht. Die Herstellung des Elastomers erfolgt nach der bereits beschriebenen Methode. Das Gießverfahren für das Funktionsmuster umfasst jedoch noch weitere zwei Schritte. Zunächst wird das Innenteil separat in eine Zylinderform gegossen (Abb. 7.5a, b). Nach dem Aushärtungsprozess wird das ausgehärtete Innenteil mittig in einer sechseckigen Form positioniert. Anschließend wird der ringförmige Draht sorgfältig um das Innenteil gewickelt (Abb. 7.5c). Um die Funktionsfähigkeit zu gewährleisten, werden ein Thermoelement und zwei Drähte für den Stromanschluss mit Crimpparallelverbindern mechanisch befestigt. Die Drahtbefestigung erfolgt ohne Freiraum zwischen dem Draht und dem inneren Elastomerteil, so dass eine effiziente und verlustfreie Übertragung der Kontraktionskräfte auf das Elastomer gewährleistet ist. Nach diesen Vorbereitungen wird die gemischte und entgaste Masse sorgfältig in die Form gegossen (Abb. 7.5d). Das Funktionsmuster härtet dann bei Raumtemperatur 48 Stunden lang aus. Nach Abschluss dieses Aushärtungsprozesses ist das Funktionsmuster einsatzbereit. Genaue Angaben zur Massenverteilung des Elastomers und des Vernetzungsmittels sind Tab. 7.2 zu entnehmen.

Abb. 7.6 zeigt die Formen, die mit einem 3D-Drucker hergestellt wurden. Der innere Teil der Form in Abb. 7.6a (Abb. D.1 für technische Zeichnung in Anhang D) hat einen Durchmesser von 80 mm und eine Tiefe von 8 mm. Der äußere Teil der

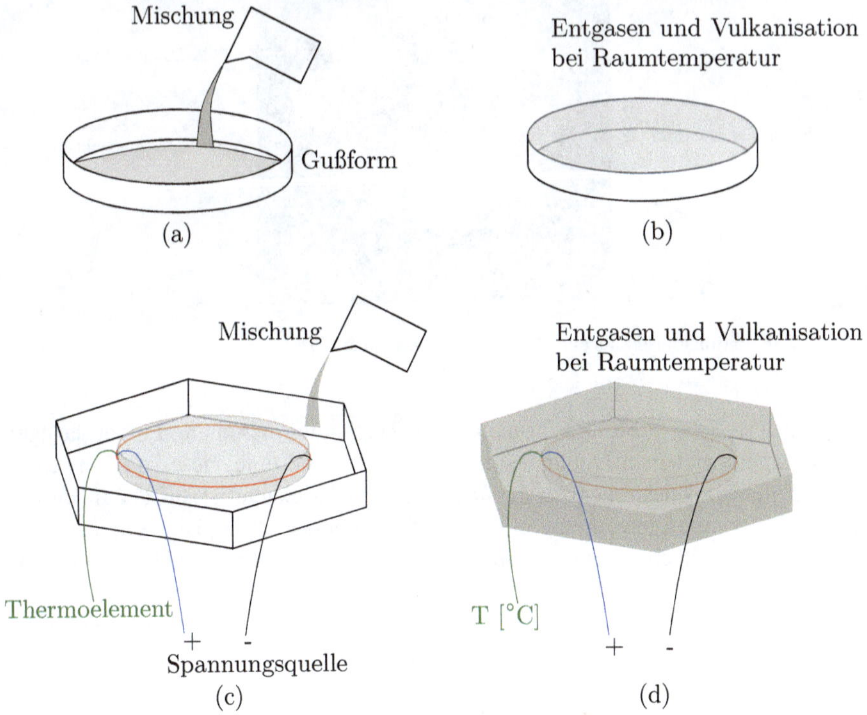

Abb. 7.5 Fertigungsschritte für Enteisungssegment

Tab. 7.2 Massenverteilung der Elastomermischung für Enteisungssegment

Komponent	Elastomer	Vernetzungsmittel
Innenteil	41 g	4,1 g
Außenteil	60 g	6 g

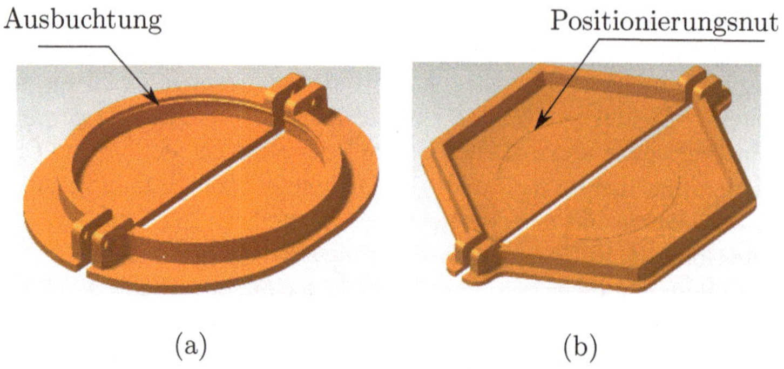

Abb. 7.6 Gussformen für den inneren und äußeren Teil [75]

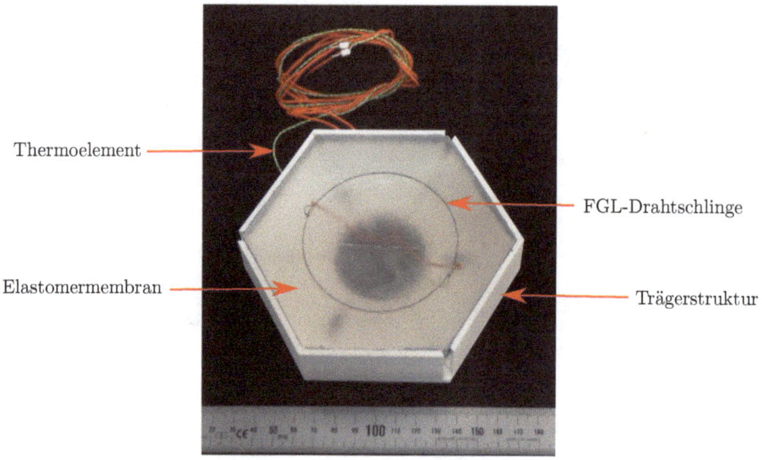

Abb. 7.7 Funktionsmuster als einzelnes Enteisungssegment [75]

Form in Abb. 7.6b (Abb. D.2 für technische Zeichnung in Anhang D) hat dagegen einen eingeschriebenen Durchmesser von 120 mm und eine Tiefe von 8 mm. Um einen einfachen Zusammenbau des Rings zu gewährleisten, ist auf der Innenseite des Gussteils eine Einbuchtung mit einem Durchmesser von 0,5 mm eingearbeitet. Der Draht ist mit einer Exzentrizität von 50 % in das Elastomer eingebettet. Um die Positionierung des zuvor gegossenen Innenteils der Elastomermembran in der Form für das Außenteil zu erleichtern, ist eine kreisförmige Nut in der Form für das Außenteil vorgesehen. Diese kreisförmige Nut ist 0,2 mm breit und 0,2 mm tief, was die Zentrierung des Innenteils ermöglicht.

Die endgültige Version des Funktionsmodells ist in Abb. 7.7 zu sehen. Um die Erprobung des Enteisungssegments zu erleichtern, wurde eine Trägerstruktur (Abb. D.3 und D.4 sind in Anhang D für die technischen Zeichnungen.) entwickelt, die mit Hilfe von 3D-Druckern hergestellt wird. Die Elastomermembran wird mit dem Klebstoff Dow Corning 7091 auf der Trägerstruktur fixiert.

7.4 Zusammenfassung

Zusammenfassend dient dieses Kapitel als Leitfaden für den Fertigungsprozess des Musters des Enteisungssegments und beleuchtet Grundsäzteund Grundsätze, die seiner Entwicklung zugrunde liegen. Indem jeder Aspekt des Herstellungsprozesses sorgfältig behandelt wird, wollen wir einen zuverlässigen und reproduzierbaren Prototyp liefern, der das Potenzial von thermomechanischen Enteisungssystemen auf FGL-Basis aufzeigt.

Kapitel 8
Experimentelle Untersuchungen und Ergebnisse

> Egal wie oft die Ergebnisse der Experimente mit einer Theorie übereinstimmen, Sie können nie sicher sein, dass das Ergebnis das nächste Mal nicht im Widerspruch zu dieser Theorie stehen wird.
>
> – Stephen Hawking

In diesem Kapitel wird der Vergleich der experimentellen Untersuchung und verschiedener Berechnungen vorgestellt, die an einem thermomechanischen Enteisungssystem mit einem in ein Elastomer eingebetteten FGL-Draht durchgeführt wurden.

Es ist erwähnenswert, dass genaue Simulationen der Temperaturveränderung in einem thermomechanischen Enteisungssystem schwierig sein können, da es viele Variablen gibt, die das Verhalten des Systems beeinflussen können. Daher sind oft experimentelle Tests erforderlich, um die Simulationsergebnisse zu validieren und die Konstruktion des Systems zu optimieren. Die Versuche wurden nacheinander durchgeführt und umfassten drei verschiedene Phasen: Raumtemperatur, −10 °C ohne Eisschicht und −11 °C mit einer 2 mm dicken Eisschicht.

8.1 Beschreibung des Versuchsstands

Der Zweck des Prüfstands ist die Überwachung der Drahttemperatur in Bezug auf die Aktivierung und Deaktivierung des Drahtes.

Der Versuchsstand wird in Abb. 8.1 dargestellt. Für die Temperaturmessung wurde ein Thermoelement vom Typ K verwendet, das am Draht befestigt ist. Das

O. Tamer, *Thermo-mechanisches Enteisungssystem auf Basis von Formgedächtnislegierungen*, Mechanics and Adaptronics,
https://doi.org/10.1007/978-3-662-69337-7_8

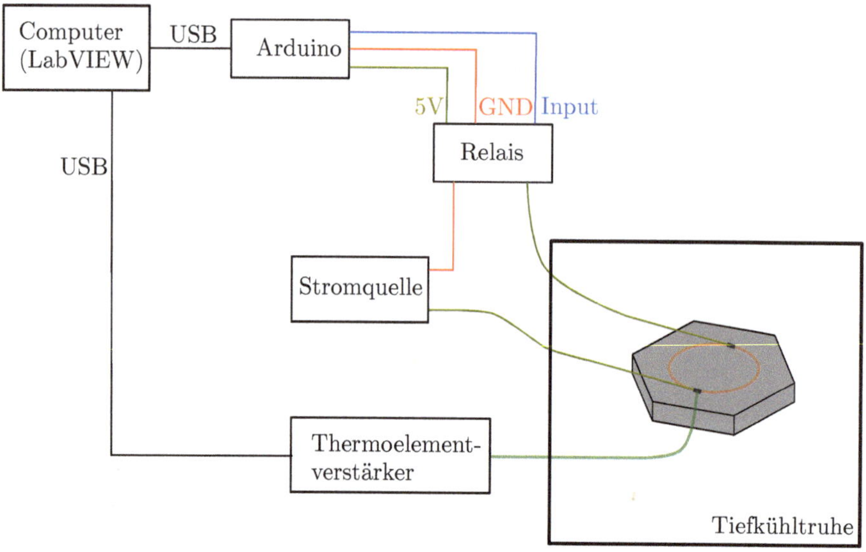

Abb. 8.1 Darstellung des Versuchsstands für die Temperaturmessung, mit Änderung aus [75] übernommen

Messsignal wurde über einen Verstärker an den Computer gesendet. Zusätzlich steuert das Arduino-Board (Mikrokontroller) ein Relais, um den Draht zwischen A_f und M_f wechseln zu lassen. Die gemessenen Temperaturwerte wurden mit einem LabVIEW-Programm (Abb. E.1 in Anhang E) (Version V17.0, 32 Bit) aufgezeichnet. Das Programm erstellt eine .csv-Datei für die Messergebnisse, die im nächsten Abschnitt in Abbildungen dargestellt werden.

8.2 Überprüfung des Zustandsraummodells

Die Anwendbarkeit des Zustandsraummodells wird zunächst bei 25 °C getestet, damit die Temperaturänderung des Drahtes erfasst werden kann. Die ermittelten Versuchsergebnisse wurden anschließend mit Berechnungen verglichen, die mit der Finite-Elemente-Methode (FEM), der Finite-Differenzen-Methode (FDM) und einem von der FDM abgeleiteten Zustandsraummodell durchgeführt wurden. Ziel dieser vergleichenden Analyse war es, die Genauigkeit und Zuverlässigkeit der Simulationen bei der Vorhersage des Verhaltens des Enteisungssystems zu ermitteln. Abb. 8.2 zeigt den Vergleich der Ergebnisse für $T_{Ambient} = 25\,°C$. Die Spitzen-Temperaturergebnisse des Drahts nach FEM, FDM und Zustandsraummodell weichen jeweils um 1,3 %, 1,7 % und 3,6 % vom experimentellen Spitzenpunkt (95,5 °C) ab. Das Zustandsraummodell weist im Vergleich zu den beiden anderen Methoden eine größere Abweichung auf, was auf die Übertragung der Rand-

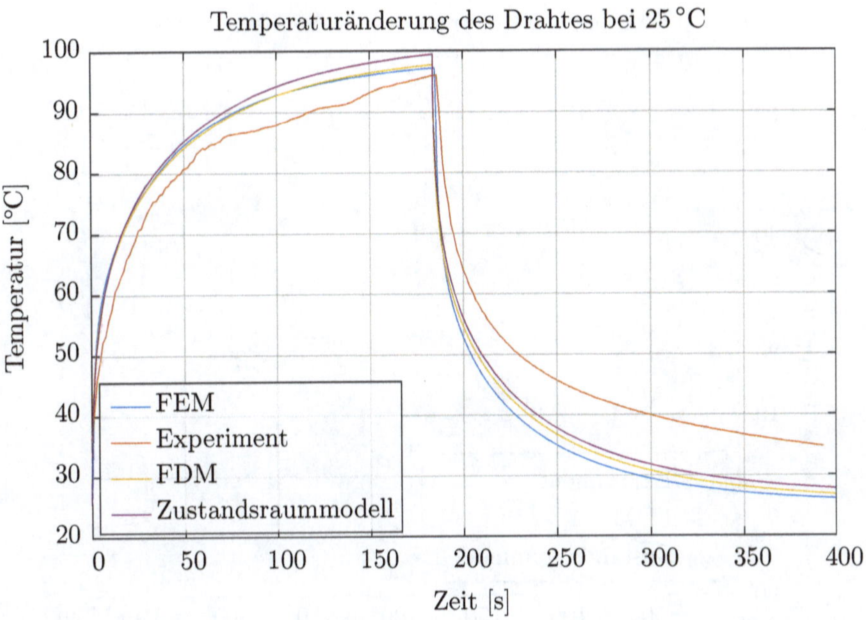

Abb. 8.2 Vergleich der Temperaturänderung nach experimentellen Ergebnissen [24], FEM [71], FDM und Zustandsraummodell

bedingungen zurückzuführen sein könnte. Trotz der beobachteten Abweichung in den Ergebnissen ist das Zustandsraummodell nach wie vor geeignet, um das Systemverhalten zu beschreiben.

Das Zustandsraummodell wurde dann für den Bereich der Temperaturen unter dem Gefrierpunkt ohne Eisschicht angewendet. Abb. 8.3 zeigt den Vergleich der experimentellen Ergebnisse, Finite-Differenzen-Methode und der Zustandsraumlösung bei $T_{\text{Ambient}} = -10\,°\text{C}$. Die Spitzen-Temperaturergebnisse des Drahts nach FDM und Zustandsraummodell weichen jeweils um 1,6 % und 5,6 % vom experimentellen Spitzenpunkt (60,2 °C) ab.

In den beiden letztgenannten Modellen wurden für die Drahtaktivierung die gleiche Spannung (2,1 V) und der gleiche Strom (2,6 A) verwendet. Weitere in den Simulationen verwendete Parameter sind in Anhang B (Tab. B.1) zu finden.

Im letzten Modell wurde die Situation einer vereisten Oberfläche simuliert. Die daraus resultierenden Berechnungsergebnisse wurden, wie zuvor, mit den experimentellen Ergebnissen aus dem Enteisungstest verglichen. Zur Vereisung der Oberfläche wurde gekühltes Sprühwasser verwendet. Das Funktionsmuster wurde in einer Tiefkühltruhe gelagert, bis die Temperatur des Elastomers der Umgebungstemperatur entsprach. Anschließend wurde gekühltes Wasser auf die Elastomeroberfläche gesprüht. Die entstandene Eisschicht weist eine klare Konsistenz auf, enthält jedoch Luftblasen. Bei einer Umgebungstemperatur von −11 °C hat sich eine Eisschicht von etwa 2 mm angesammelt. Abb. 8.4 zeigt den Zustand

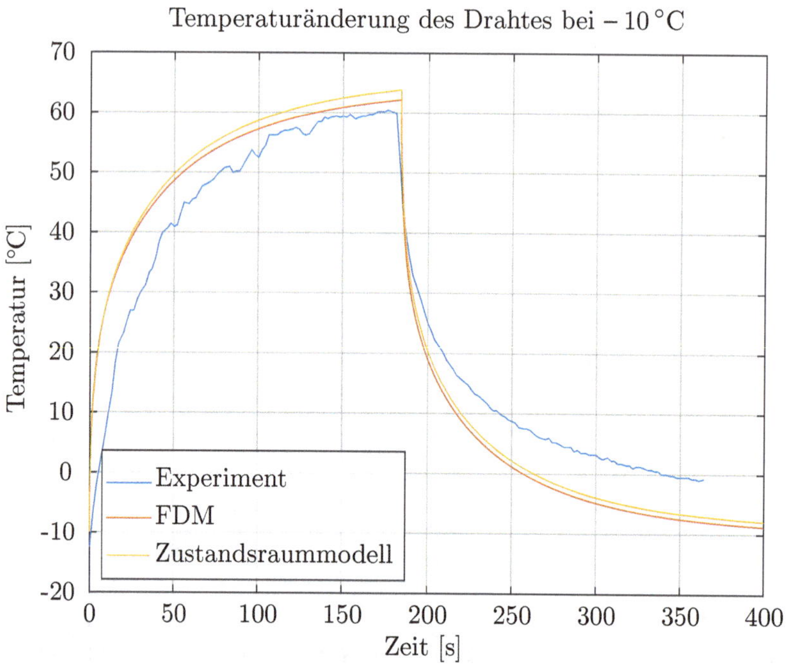

Abb. 8.3 Vergleich der Temperaturänderung nach experimentellen Ergebnissen [75], FDM und Zustandsraummodell

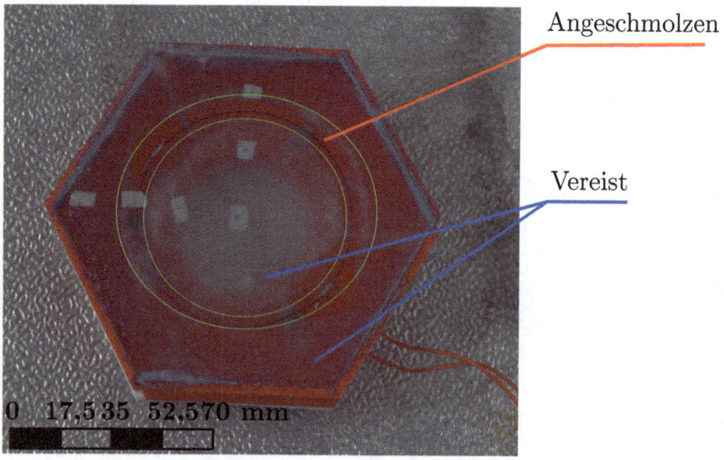

Abb. 8.4 Funktionsmuster nach dem Enteisungstest, mit Änderung aus [24] übernommen

nach dem Enteisungstest. Ein kleiner Teil der Oberfläche wurde thermisch enteist, während der übrige Bereich weiterhin vereist blieb..

Der Draht wurde in diesem Fall für 15 Minuten mit 3,3 V und 3,2 A aktiviert. Der Temperaturverlauf des vereisten Zustandes nach der Berechnung zeigt einen stationären Verlauf Abb. 8.5. Das experimentelle Ergebnis hingegen zeigt einen ansteigenden Trend. Es ist wichtig die Tatsache hervorzuheben, dass die Zugabe von mehr Wärme zum Draht die Innentemperatur erhöhen kann. Aber das Matrixmaterial leitet die Wärme nicht so schnell.

Die Spitzen-Temperaturergebnisse des Drahts nach FDM und Zustandsraummodell weichen jeweils um 6,1 % und 5,1 % vom experimentellen Spitzenpunkt (103,7 °C) ab. Bei den Versuchen wurde das Enteisungssegment nur von den Seiten an der Tragstruktur befestigt. Die Unterseite des Segments ist auch mit der Umgebung in Kontakt. Bei den Berechnungen wurde die Wärmeübertragung jedoch nur für die Oberseite berücksichtigt. Bei den Berechnungen wurde die Eisschicht als nicht schmelzender Block betrachtet. Das bedeutet, dass die erzeugte Wärme immer zuerst durch das Elastomer und dann durch die Eisschicht transportiert wird. Aus diesem Grund ist die Abweichung der Berechnungen höher als die der experimentellen Ergebnisse.

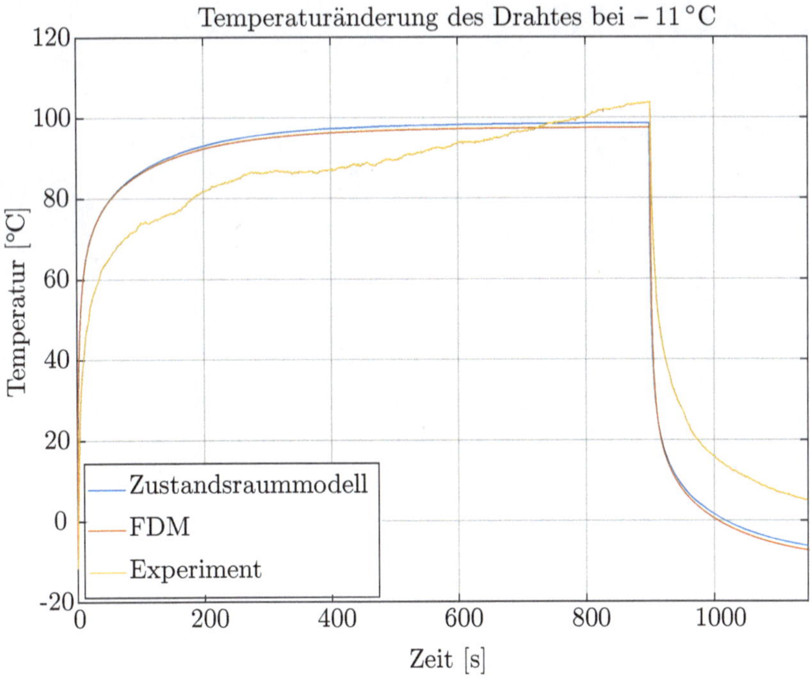

Abb. 8.5 Vergleich der Temperaturänderung unter vereisten Bedingungen nach experimentellen Ergebnissen [75], FDM und Zustandsraummodell

8.3 Zusammenfassung

In diesem Kapitel wurde das Wärmeübertragungsproblem in einem Enteisungskonzept mit Hilfe einer numerischen Methode gelöst. Die thermische Wirkung des Drahtes auf die Matrix steht im Vordergrund, und die mechanische Wirkung wurde vernachlässigt. Die für die Lösung der 5-Punkte-Stern (der zentrale Knoten und seine vier Nachbarknoten im Gitterpunkt) verwendeten Gleichungen werden so umgestellt, dass ein Zustandsraummodell entsteht. Auf diese Weise soll das Input/Output-Verhalten des FGL-Drahtes analysiert werden. Das Verständnis dieses Verhaltens bildet die Grundlage für den Entwurf des Steuerungssystems.

Beim Vergleich der Ergebnisse ist darauf hinzuweisen, dass diese Ergebnisse für die Aufheizphase gut mit früheren Studien übereinstimmen, in denen die Drahttemperatur untersucht wurde. Obwohl das Zustandsraummodell eine geringe Abweichung in den Ergebnissen aufweist, ist das Modell für einen Reglerentwurf geeignet.

Kapitel 9
Zusammenfassung und Ausblick

Nicht Sieg sollte der Zweck der
Diskussion sein, sondern Gewinn.

– Joseph Joubert

Die Fortschritte in der Materialtechnologie, wie z. B. die Fortschritte der Materialtechnologie, Leichtbaumaterialien und der wachsende Bedarf an energieeffizienten Systemen haben zur Erforschung alternativer Enteisungskonzepte statt konventioneller Systeme für die umströmten Profile geführt. Ein solches Konzept ist die Verwendung von Formgedächtnislegierungen, die über einzigartige thermische und mechanische Eigenschaften verfügen. Der FGL-Aktor, der als natürlicher Hybridaktor entstanden ist, eignet sich gut als Schlüsselkomponente in thermomechanischen Enteisungssystemen und bietet eine vielversprechende Lösung zur Bekämpfung der Eisbildung.

9.1 Diskussion der Arbeitshypothesen

- **Beweis des Funktionsprinzips**
  Die experimentellen Untersuchungen erbrachten wesentliche Beweise für die Bestätigung der Hypothese, dass die Kontraktion des Drahtes eine Verformung des Elastomerwerkstoffs bewirkt. Eine optimale Verformung tritt auf, wenn der Draht exzentrisch positioniert ist. Außerdem sollte das Elastomer so sicher an der Stützstruktur befestigt sein, dass eine kontrollierte Verformung ohne übermäßige Spannung möglich ist. Um dies zu erreichen, wird empfohlen, die Unterseite des Elastomers frei zu lassen und die Befestigung auf die Seiten der sechseckigen Struktur zu beschränken. Für die Drahtaktivierung und Temperaturüberwachung

O. Tamer, *Thermo-mechanisches Enteisungssystem auf Basis von Formgedächtnislegierungen*, Mechanics and Adaptronics,
https://doi.org/10.1007/978-3-662-69337-7_9

sind Stromkabel und ein Thermoelement erforderlich. Es sollte darauf geachtet werden, dass diese Elemente nicht unter Spannung eingebettet werden, da dies die Verformung des Elastomers behindern könnte. Beim Umwickeln des Drahtes ist es von entscheidender Bedeutung, dass der Draht nicht lose um das innere Elastomermaterial gewickelt wird, da dies zu einem Verlust der Kontraktionsübertragung führen und in der Folge die Verformung des Elastomers behindern würde. Wie in der Arbeit erörtert, erleichtert die Einarbeitung einer Wölbung in die Form die genaue Positionierung des Drahtes um das innere Elastomerbauteil.

Was die Ablösung der Eisschicht betrifft, so deuten die experimentellen Ergebnisse darauf hin, dass der thermische Effekt eine dominierende Rolle spielt. Um den starken Einfluss des thermischen Effekts auf die Oberflächenerwärmung abzuschwächen, besteht ein theoretischer Ansatz darin, die Steuerung des Drahtes auf die M_f einzustellen. Diese Anpassung zielt darauf ab, den thermischen Effekt zu verlangsamen, so dass sowohl der thermische als auch der mechanische Effekt gleichmäßiger und aktiver zum Enteisungsprozess beitragen können. Durch die Herstellung eines besseren Gleichgewichts zwischen diesen Effekten kann ein umfassenderes Ergebnis über den Ablösungsmechanismus erzielt werden.

- **Der Vorteil der Umgebungstemperatur**
  Im Wesentlichen unterstreichen die Studienergebnisse die Bedeutung kalter Umgebungstemperaturen für die Verhinderung eines schnellen Anstiegs der Oberflächentemperatur in Richtung des Schmelzpunkts. Darüber hinaus bietet die kalte Umgebung einen Vorteil, indem sie die Abkühlzeit des Drahtes verkürzt. Dies ist besonders vorteilhaft für Systemauslegungen, die FGL-Aktoren beinhalten, da diese oft vor der Herausforderung stehen, ausreichende Abkühlgeschwindigkeiten zu erzielen. Durch die Nutzung der kalten Umgebungsbedingungen ist es möglich, dieses häufige Gestaltungsproblem zu lösen und die Gesamtleistung von FGL-Systemen zu verbessern.

  Bei hohen Temperaturzyklen des Drahtes, insbesondere bei geringer Hysterese, wird die vom Draht erzeugte Wärme jedoch im Elastomermaterial gespeichert. Aufgrund der langsamen Wärmeabgabe an die Umgebung erreicht die Oberflächentemperatur schließlich die Schmelztemperaturschwelle. Ein Nachteil des Betriebs in einer kalten Umgebung ist die längere Aktivierungszeit des Drahtes, was zu einem höheren Energieverbrauch führt.
- **Synchronisierung der thermischen und mechanischen Effekte**
  Ziel der Studie war die Untersuchung der harmonischen Integration von thermischen und mechanischen Effekten, die durch einen eingebetteten Draht aus einer Formgedächtnislegierung erzeugt werden. Es wurde festgestellt, dass das Kontraktionsverhalten des Drahtes von seiner Temperatur abhängt, und es wurde beobachtet, dass die mechanischen und thermischen Effekte gleichzeitig auftreten. Eine harmonische Synchronisierung dieser Effekte in der eingebetteten Konfiguration zu erreichen, erwies sich jedoch als eine komplexe Aufgabe. Ein entscheidender Gesichtspunkt war die Verhinderung des Schmelzens der Eisschicht, die als entscheidende Randbedingung diente. Theoretisch wurde jedoch festgestellt, dass durch eine kontrollierte Aktivierung des thermischen

Effekts das Schmelzen der Eisschicht vermieden werden kann. Infolgedessen zeigte der Draht Oszillationen zwischen den Transformationstemperaturen, begleitet von entsprechenden Kontraktionen. Darüber hinaus konnte durch eine Wartezeit nach der Martensitierung vor der Aktivierung das Auftreten von Oberflächentemperaturen über 0 °C hinausgeschoben werden.

Ein alternativer Ansatz könnte darin bestehen, einen Draht mit niedrigeren Umwandlungstemperaturen als die in der Studie verwendeten zu wählen. Diese Wahl birgt jedoch das Risiko unbeabsichtigter oder unkontrollierter Phasenumwandlungen in Hochtemperaturbereichen, die zu Oberflächenverformungen des Elastomermaterials führen. Solche Verformungen können die aerodynamische Strömung entlang der Vorderkante des Flügels beeinträchtigen.

Gemäß den Berechnungen von Meier und Scholz [83] beträgt der Energiebedarf des thermo-elektrischen Enteisungssystems der Boeing 787 3,61 $\mathrm{kW\,m^{-2}}$ für die Enteisung. Währenddessen wurde beim Enteisungstest mit dem Segment ein Energiebedarf von 0,8 $\mathrm{kW\,m^{-2}}$ festgestellt. Obwohl der Energiebedarf sehr niedrig ist, ist das Ergebnis eine teils enteiste Oberfläche. Dies lässt darauf schließen, dass die beiden Effekte im Enteisungssegment nicht gleichmäßig aktiv waren.

Darüber hinaus stellt das beobachtete Degradationsverhalten des eingebetteten Drahts nach mehreren Zyklen eine weitere Herausforderung dar. Diese Degradation beeinträchtigt den zuverlässigen Betrieb des Enteisungssystems.

- **Steuerung der Oberflächentemperatur über die Drahttemperatur**
  Bei der herkömmlichen Steuerung des Drahtes funktioniert die Aktivierung und Deaktivierung des Formgedächtniseffekts über die Ein-/Aus-Schaltung. Bei diesem Konzept sollte jedoch die Oberflächentemperatur im vereisten Zustand 0 °C nicht überschreiten. Daher kann die Lösung ein alternatives Steuerungssystem sein, damit die Oberflächentemperatur nicht so schnell von der Drahttemperatur beeinflusst wird.
- **Ermöglichung der Funktionskonformität**
  Zwar wird das Elastomer durch die Kontraktion des Drahtes verformt, doch ist zu beachten, dass diese Verformung nicht über mehrere Zyklen aufrechterhalten wird, sondern sich allmählich verringert. Durch thermisches Training kann der Draht ein stabiles Verhalten in Bezug auf Kontraktion und anschließende Verformung zeigen. Es ist zu beachten, dass die Konformität zwischen Draht und Elastomer bei der Verformung und Erholung des Elastomers nachlässt. Mit anderen Worten, die Fähigkeit des Drahtes und des Elastomers, eine konsistente und konforme Beziehung aufrechtzuerhalten, wird während des Prozesses der Verformung und Rückverformung des Elastomers beeinträchtigt.

In der Wärmeleitung lassen sich nicht nur Materialeigenschaften ändern, sondern auch die Richtung der Wärmeleitung beeinflussen. Dies bedeutet, dass für den inneren Teil und die Oberfläche ein modifiziertes Material verwendet werden könnte, welches die Wärme homogen in der Oberfläche verteilt und sie zügig in die Umgebung weiterleitet. Auf der anderen Seite wird die Wärmeleitung unterhalb des Drahtes begrenzt, damit die Materialeigenschaften dort nicht geändert werden.

9.2 Weiterer Ausblick

Für den Fertigungprozess wurde ein Thermoelement in Elastomermaterial mit FGL-Draht eingebettet. Mit der Temperaturdetektion wird festgestellt, wie der Status der Phasentransformations ist. In der zukünftigen Arbeit kann das Thermoelement eliminiert werden. Stattdessen kann die Temperaturüberwachung z. B. über Widerstandsänderung des Drahts beobachtet werden, die abhängig von der Phasentransformation ist. Bei dieser alternativen Methode zur Beobachtung von Phasenumwandlungen kann das Segment nur aus Elastomer und Draht bestehen. Der Wegfall des zusätzlichen Temperatursensors erleichtert den Zusammenbau der Bauteile. Während des Anschlusses sollten sich Thermoelement und Stromkabel nicht berühren, da der Stromfluss durch das Thermoelement die Messergebnisse negativ beeinflusst [75].

In der durchgeführten Parameterstudie wurde bei jeder Simulation eine einzige Variable untersucht. Insbesondere wurden nur die geometrischen Variablen aus den vorgeschlagenen Parametern ausgewählt. Diese Auswahl wurde getroffen, um die Anzahl der Konfigurationen zu reduzieren und dennoch ein umfassendes Verständnis des Systemverhaltens zu erhalten. Für zukünftige Studien wird empfohlen, statistische Versuchsplanungen für die Parameterstudie zu verwenden. Auf diese Weise ist es möglich, das Systemverhalten auch bei einer großen Anzahl von Einflussgrößen mit dem erforderlichen Mindestumfang zu beschreiben. Dieser Ansatz bietet eine effizientere und effektivere Möglichkeit, die Dynamik des Systems zu untersuchen, als jede Variable einzeln in separaten Simulationen zu testen. Zusätzlich zu den geometrischen Parametern ist zu beachten, dass die Ermittlung der optimalen Parameter für die Materialeigenschaften für ein bestimmtes Konzept keine Garantie dafür ist, dass ein Material mit den gewünschten Eigenschaften hergestellt werden kann. Während die Ermittlung der idealen Materialeigenschaften ein wichtiger Schritt ist, können während des Herstellungsprozesses praktische Einschränkungen und Herausforderungen auftreten, die die Realisierung der gewünschten Eigenschaften behindern könnten. Die Berücksichtigung sowohl der theoretischen Optimierung der Materialeigenschaften als auch der praktischen Durchführbarkeit der Herstellungsprozesse ist entscheidend, um die gewünschten Materialeigenschaften zu erreichen. Füllstoffe, wie z. B. keramische Partikel, bieten eine vielversprechende Möglichkeit, die Materialeigenschaften von Elastomeren zu verbessern. Durch den Einbau von Füllstoffen lassen sich die Wärmeleitfähigkeit und der Elastizitätsmodul erhöhen. Ein entscheidender Aspekt zur Erreichung der gewünschten Verbesserung liegt in der homogenen Verteilung der Partikel in der Elastomermatrix. Um diese Homogenität zu erhalten, ist es unerlässlich, die Elastomer-Partikel-Mischung nach dem Mischen einer Vulkanisation bei erhöhten Temperaturen zu unterziehen. Dieser Hochtemperatur-Vulkanisationsprozess spielt eine entscheidende Rolle, um die Sedimentation der Partikel zu verhindern, da die Vulkanisationszeit und damit die für die Sedimentation zur Verfügung stehende Zeitspanne verkürzt wird, und ihre gleichmäßige Verteilung in der Elastomermatrix zu gewährleisten. Auf diese Weise kann die gewünschte Verbesserung der Wärmeleitfähigkeit effektiv erreicht werden.

In Anbetracht der unterschiedlichen Umgebungstemperaturen, wie sie in Abb. 8.2 und 8.3 zu sehen sind, führt die gleiche Menge an zugeführter Energie nicht zu den gleichen Drahttemperaturwerten. Darüber hinaus ist es aufgrund der unterschiedlichen Eisdicken notwendig, einen Regler für dieses Enteisungskonzept zu entwickeln, damit der Draht die Aktivierungstemperatur unabhängig von der Umgebung auf kontrollierte Weise erreicht. Die Ergebnisse des Zustandsraummodells zeigen, dass das Systemverhalten mit einer Abweichung von 5,1 % von den Experimenten unter dem vereisten Zustand identifiziert werden. Ein Regler, der auf der Temperatur der Kontaktfläche basiert, könnte ein angemessener Schritt für zukünftige Arbeiten am Enteisungssystem sein. Das System könnte so konzipiert werden, dass die Aktivierungszeit und der Energieverbrauch der Formgedächtnislegierung je nach Dicke der Eisschicht variiert werden, was einen effizienteren und effektiveren Enteisungsprozess ermöglicht. Ist die Eisschicht beispielsweise dünn, kann die Aktivierungszeit verkürzt werden, was zu einem geringeren Energieverbrauch führt. Ist die Eisschicht hingegen dicker, kann die Aktivierungszeit verlängert werden, um eine vollständige Austenitumwandlung ohne Schmelzen der Eisschicht zu gewährleisten.

Durch die Durchführung von Tests des Enteisungssegments im Eiskanal mit einem funktionsfähigen Regler kann die Beobachtung mehrerer Faktoren, darunter Temperatur, Vereisung und aerodynamische Belastung, gefördert werden. Jeder dieser Faktoren ist wie folgt von Bedeutung:

- Temperatur: Durch die Steuerung der Temperatur im Eiskanal können unterschiedliche Umgebungsbedingungen simuliert werden. Die Testkammer kann im Vergleich zum Gefrierschrank einen isolierten Raum zur Beobachtung des Segments bieten. Dies ist wichtig, um die Eisbildung auf Oberflächen wie Flugzeugflügeln bei niedrigen Temperaturen zu imitieren. Die Wirksamkeit des Systems in verschiedenen Betriebsszenarien kann bewertet werden, indem das Enteisungssegment verschiedenen Temperaturbedingungen ausgesetzt wird.
- Vereisung: Der Eiskanal ermöglicht das kontrollierte Einbringen von Eis auf die zu prüfende Oberfläche und simuliert so die natürliche Eisbildung aufgrund der atmosphärischen Bedingungen. Mit der Temperaturregelung in der Kammer und dem Spraybar ist es möglich, verschiedene Vereisungsszenarien zu erzeugen. Durch die Beobachtung des Verhaltens des Enteisungssegments in Gegenwart von künstlich erzeugtem Eis kann die Fähigkeit des Systems, Eisbildung wirksam zu beseitigen, bewertet werden. Solche Tests erleichtern die Optimierung des Designs und der Funktionalität von Enteisungssystemen und gewährleisten einen zuverlässigen Betrieb unter realen Vereisungsbedingungen.
- Aerodynamische Belastung: Während des Fluges sind Flugzeuge verschiedenen aerodynamischen Kräften ausgesetzt, die sich auf die Leistung der Enteisungssysteme auswirken. Diese Kräfte umfassen z. B. die Fluggeschwindigkeit und den Anstellwinkel. Die Berücksichtigung der aerodynamischen Belastung bei

Eiskanaltests ermöglicht eine genauere Simulation der tatsächlichen Betriebsbedingungen. Diese Bewertung trägt dazu bei, die Leistung des Enteisungssegments unter verschiedenen aerodynamischen Belastungen zu bestimmen und seine Effizienz bei der Eisbeseitigung unter Berücksichtigung der Luftströmung und anderer aerodynamischer Faktoren sicherzustellen.

Anhang A
Finite-Differenz-Methode

A.1 Anwendung der FDM für das Polarkoordinatensystem

In diesem Teil der Arbeit wird erklärt, wie die Finite-Differenz-Methode für die thermische Analyse des Enteisungssegments verwendet wird.

Die allgemeine Gleichung für Wärmeleitung in Polarkoordinaten in Abb. A.1 ist für den dreidimensionalen Fall, wo die Temperaturänderung und die Wärmeerzeugung nach [[77], Formel 1-11b] formuliert:

$$\frac{1}{r}\frac{\partial}{\partial r}\left(r\frac{\partial T}{\partial r}\right)+\frac{1}{r}\frac{\partial^2 T}{\partial \theta^2}+\frac{\partial^2 T}{\partial z^2}+\frac{1}{\lambda}\dot{g}=\frac{1}{\alpha}\frac{\partial T}{\partial t} \tag{A.1}$$

Interne Wärmeerzeugungsrate im Kontrollvolumen wird folgendermaßen nach [[84], Formel 4.1.4] ausgedrückt:

$$\begin{aligned}\dot{G}[\mathrm{W}] &= \dot{g}[\mathrm{Wm}^{-3}] \times \mathit{Kontrollvolumen}[\mathrm{m}^3]\\ &= \dot{g} \times (r_0\Delta\theta \cdot \Delta r \cdot \Delta z)\end{aligned} \tag{A.2}$$

Die Wärmeübertragungsrate auf das Kontrolvolumen kann wie unten nach [[84], Formel 4.1.5] formuliert werden:

$$\begin{aligned}Q_v =\ & \text{Masse des Kontrollvolumens} \times \text{Spezifische Wärmekapazität}\\ & \times \text{Änderungsrate der Knotentemperatur}\\ Q_v =\ & \rho(r_0\Delta\theta \cdot \Delta r \cdot \Delta z)c_p\left(\frac{T'_{m,n}-T_{m,n}}{\Delta t}\right)\end{aligned} \tag{A.3}$$

O. Tamer, *Thermo-mechanisches Enteisungssystem auf Basis von Formgedächtnislegierungen*, Mechanics and Adaptronics,
https://doi.org/10.1007/978-3-662-69337-7

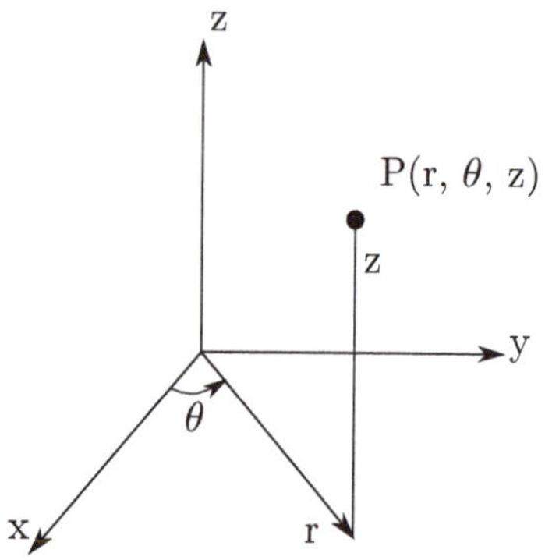

Abb. A.1 Polarkoordinaten für ein radiales System [77]

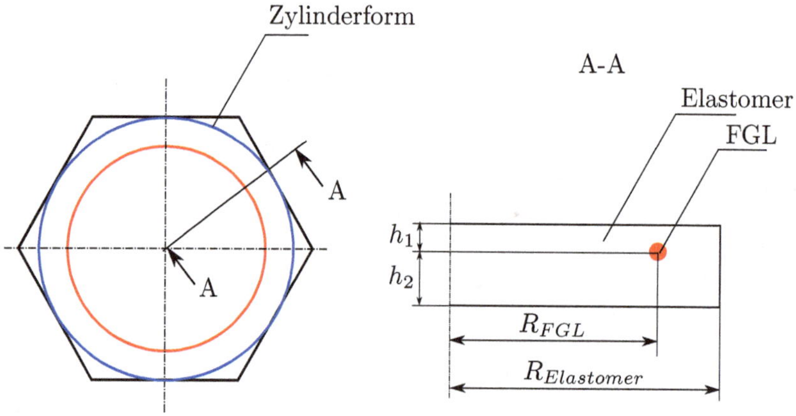

Abb. A.2 Querschnitt des Enteisungssegments

In Abb. A.2 werden das Enteisungssegment und der Querschnitt (A-A) dargestellt. Auf der rechten Seite der Abbildung wird die Position der FGL gezeigt.

Abb. A.3 zeigt die Querschnittsfläche im Gitternetz, die für die Finite-Differenzen-Berechnung erforderlich ist.

Da das nodales Netzwerk in Abb. A.3 ohne Winkelanteil betrachtet wird, wird dieser Anteil in Gleichung A.1 entfernt. Dann sieht die Gleichung wie unten aus.

$$\frac{1}{r}\frac{\partial}{\partial r}\left(r\frac{\partial T}{\partial r}\right)+\frac{\partial^2 T}{\partial z^2}+\frac{1}{\lambda}\dot{g}=\frac{1}{\alpha}\frac{\partial T}{\partial t} \qquad \text{(A.4)}$$

Abb. A.4 zeigt das Kontrollvolumen (Δr · Δz) mit gestrichelten Linien. Im Zentrum des Kontrollvolumens befindet sich $T_{m,n}$ und die benachbarten Knoten sind um $T_{m,n}$ herum angeordnet. Der Radius von der zentralen Achse bis (m,n) wird mit r_0 beschriftet.

Anhand der Knotenkoordinaten zeigt Tab. A.1 die Rate des Wärmeflusses durch Wärmeleitung von den Nachbarknoten zum Zentralknoten.

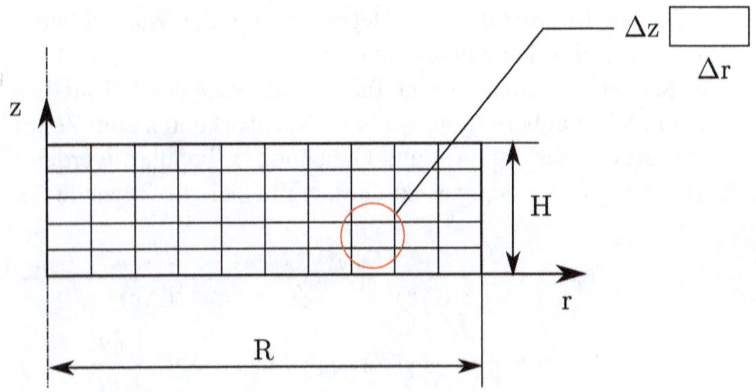

Abb. A.3 Nodales Netzwerk für 2D-Wärmeleitung für den Querschnitt des Enteisungssegments

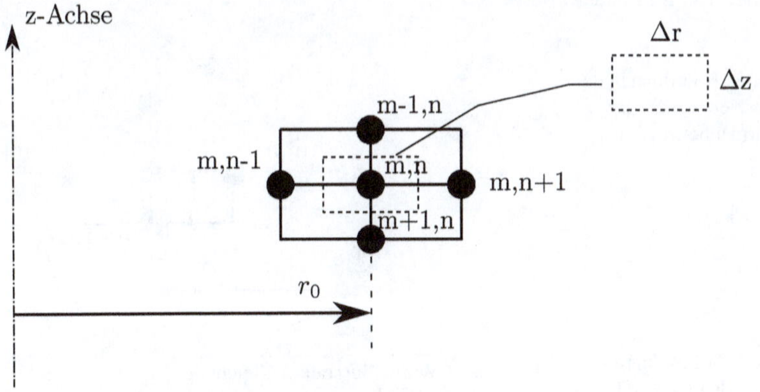

Abb. A.4 Koordinaten des nodales Netzwerks für 2D-Wärmeleitung

Tab. A.1 Wärmeflussrate zwischen den Knoten für die Wärmeleitung nach [[84], Formel 4.1.3]

Wärmeflussrate		Gleichung
von	nach	
m,n−1	m,n	$= \lambda(\Delta z)\left(r_0 - \frac{\Delta r}{2}\right)\left(\frac{T_{m,n-1}-T_{m,n}}{\Delta r}\right)$
m,n+1	m,n	$= \lambda(\Delta z)\left(r_0 + \frac{\Delta r}{2}\right)\left(\frac{T_{m,n+1}-T_{m,n}}{\Delta r}\right)$
m−1,n	m,n	$= \lambda(r_0 \Delta r)\left(\frac{T_{m-1,n}-T_{m,n}}{\Delta z}\right)$
m+1,n	m,n	$= \lambda(r_0 \Delta r)\left(\frac{T_{m+1,n}-T_{m,n}}{\Delta z}\right)$

Wenn man die Ausdrücke aus Tab. A.1 und Gleichung A.2 addiert und diese Summe mit Gleichung A.3 gleichsetzt, erhält man die folgende Gleichung:

$$\frac{T_{m,n+1} - 2T_{m,n} + T_{m,n-1}}{(\Delta r)^2} + \frac{T_{m,n+1} - T_{m,n-1}}{2r_0(\Delta r)} + \frac{T_{m+1,n} - 2T_{m,n} + T_{m-1,n}}{(\Delta z)^2} + \frac{1}{\lambda}\dot{g} = \frac{1}{\alpha}\frac{\partial T}{\partial t} \tag{A.5}$$

Abb. A.5 zeigt die Koordinaten des Netzwerks für die Wärmeübertragung. In diesem Fall steht T_{Luft} für den Knoten (m−1,n).

Anhand der Knotenkoordinaten zeigt Tab. A.2 die Rate des Wärmeflusses durch Wärmeleitung und Wärmeübertragung von den Nachbarknoten zum Zentralknoten.

Wenn die Ausdrücke aus Tab. A.2 und Gleichung A.2 addiert werden und diese Summe mit Gleichung A.3 gleichgesetzt wird, ergibt sich die folgende Gleichung.:

$$\frac{h}{\lambda \Delta z}(T_{Luft} - T_{m,n}) + \frac{T_{m+1,n} - T_{m,n}}{(\Delta z)^2} + \frac{T_{m,n+1} - 2T_{m,n} + T_{m,n-1}}{2(\Delta r)^2} + \frac{1}{4r_0(\Delta r)}(T_{m,n+1} - T_{m,n-1}) = \frac{1}{\alpha}\frac{\partial T}{\partial t} \tag{A.6}$$

Abb. A.6 zeigt die Nachbarknoten für die Wärmeleitung am Kontaktknoten zwischen Eis und Elastomer.

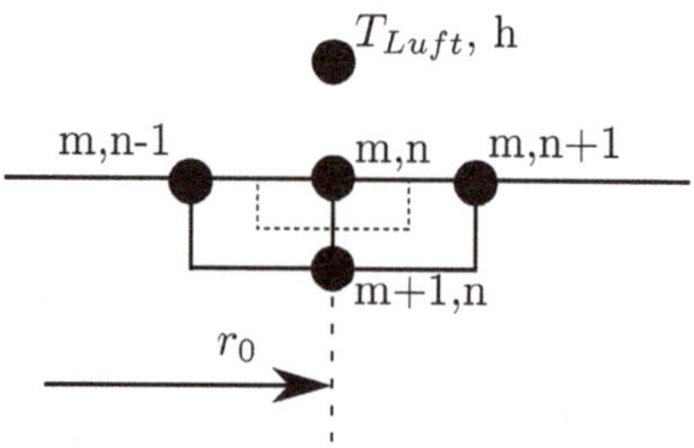

Abb. A.5 Koordinaten des nodales Netzwerks für 2D-Wärmeübertragung

Tab. A.2 Wärmeflussrate zwischen den Knoten für die Wärmeübertragung nach [[84], Formel 4.1.3]

Wärmeflussrate		Gleichung
von	nach	
m,n−1	m,n	$= \lambda(\frac{\Delta z}{2})\left(r_0 - \frac{\Delta r}{2}\right)\left(\frac{T_{m,n-1}-T_{m,n}}{\Delta r}\right)$
m,n+1	m,n	$= \lambda(\frac{\Delta z}{2})\left(r_0 + \frac{\Delta r}{2}\right)\left(\frac{T_{m,n+1}-T_{m,n}}{\Delta r}\right)$
T_{Luft}	m,n	$= hr_0\Delta r(T_{Luft} - T_{m,n})$
m+1,n	m,n	$= \lambda(r_0\Delta r)\left(\frac{T_{m+1,n}-T_{m,n}}{\Delta z}\right)$

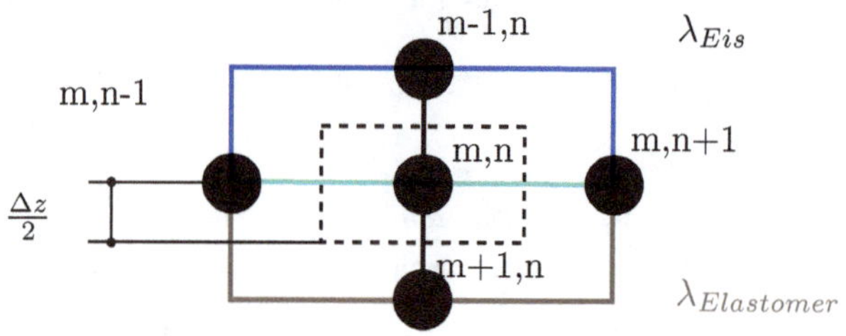

Abb. A.6 Koordinaten des Knotenpunktnetzes für die Kontaktfläche zwischen Eis und Elastomer

Tab. A.3 Wärmefluss an der Kontaktfläche durch Wärmeleitung nach [[84], Formel 4.1.3]

Wärmeflussrate		Gleichung
von	nach	
m,n−1	m,n	$= \frac{\lambda_{Eis}+\lambda_{Elastomer}}{2} \Delta z \left(r_0 - \frac{\Delta r}{2}\right) \left(\frac{T_{m,n-1}-T_{m,n}}{(\Delta r)}\right)$
m,n+1	m,n	$= \frac{\lambda_{Eis}+\lambda_{Elastomer}}{2} \Delta z \left(r_0 + \frac{\Delta r}{2}\right) \left(\frac{T_{m,n+1}-T_{m,n}}{(\Delta r)}\right)$
m−1,n	m,n	$= \lambda_{Eis} r_0 \Delta r \left(\frac{T_{m-1,n}-T_{m,n}}{(\Delta z)}\right)$
m+1,n	m,n	$= \lambda_{Elastomer} r_0 \Delta r \left(\frac{T_{m+1,n}-T_{m,n}}{(\Delta z)}\right)$

Tab. A.3 zeigt den Wärmefluss durch Leitung vom Nachbarknoten zum Referenzknoten. In dieser Konfiguration gibt es zwei unterschiedliche Materialien (Eis und Elastomer). Für die Wärmeströme von (m,n−1) und (m,n+1) nach (m,n) werden die Wärmeleitfähigkeitswerte als Mittelwert der beiden Wärmeleitfähigkeitswerte in den Gleichungen verwendet.

Die Gleichung A.7 entsteht, wenn die Ausdrücke aus Tab. A.3 und Gleichung A.2 addiert und das Ergebnis mit Gleichung A.3 gleichgesetzt wird:

$$\frac{2}{(\rho \cdot c_p)_{Eis} + (\rho \cdot c_p)_{Elastomer}} \Bigg[\frac{\lambda_{Eis} + \lambda_{Elastomer}}{2r_0} \left(r_0 - \frac{\Delta r}{2}\right) \left(\frac{T_{m,n-1} - T_{m,n}}{(\Delta r)^2}\right) + \frac{\lambda_{Eis} + \lambda_{Elastomer}}{2r_0} \left(r_0 + \frac{\Delta r}{2}\right) \left(\frac{T_{m,n+1} T_{m,n}}{(\Delta r)^2}\right) + \lambda_{Eis} \left(\frac{T_{m-1,n} - T_{m,n}}{(\Delta z)^2}\right) + \lambda_{Elastomer} \left(\frac{T_{m+1,n} - T_{m,n}}{(\Delta z)^2}\right) \Bigg] = \frac{1}{\alpha} \frac{\partial T}{\partial t} \tag{A.7}$$

Anhang B
Zustandsraumdarstellung

B.1 Zustandsraumdarstellung der Wärmegleichungen

Der Querschnitt des Segments ist in Abb. B.1 als Gitter (links) dargestellt. Die infinitesimalen Dimensionen des Gitters sind Δz und Δr. Auf der rechten Seite der Abbildung ist eine 5-Punkte-Stern bzw. der Knoten *(m,n)* und seine Nachbarknoten zu sehen. Die Gleichungen, die zur Lösung des 5-Punkte-Sterns verwendet werden, werden umgeordnet, um ein Zustandsraummodell zu erstellen. Auf diese Weise wird das thermische Eingangs-/Ausgangsverhalten des Segmentquerschnitts analysiert. Das Verständnis dieses Zusammenhangs bildet die Grundlage für den Entwurf des Regelsystems.

Abb. B.2 veranschaulicht die Querschnittsfläche mit den entsprechenden Knotenpunkten. Die blauen Knoten stellen die Temperaturknoten der Randbedingungen dar und die schwarzen Knoten zeigen die Knoten an, für die die Temperatur berechnet wird. Die schwarzen Linien zwischen den Knotenpunkten zeigen an, dass dort die Wärmeleitung stattfindet. Die orangefarbenen Linien hingegen sind für die Wärmeübertragung von der Elastomeroberfläche an die Luft zuständig. Die Dicke des Elastomers wird mit „H" und der Innenkreisradius des Sechskants mit „R" dargestellt.

Die Knotendarstellung für den vereisten Zustand wird in Abb. B.3 dargestellt. Die gleichen Randbedingungen bezüglich der isothermischen Knoten gelten in diesem Zustand auch. „H_{Eis}" steht für die Eisdicke.

Da die Seiten des Sechsecks in Kontakt mit der Trägerstruktur sind, wird die Temperatur an dem betrachteten Punkt als isotherm angesehen. Eine weitere Annahme im Modell ist, dass die Temperatur der Knoten in der Symmetrieachse und am Boden isotherm bleibt, um Modellierungsaufwand zu sparen. In Anbetracht der geringen Wärmeleitfähigkeit des Elastomers und der Entfernung der genannten

O. Tamer, *Thermo-mechanisches Enteisungssystem auf Basis von Formgedächtnislegierungen*, Mechanics and Adaptronics,
https://doi.org/10.1007/978-3-662-69337-7

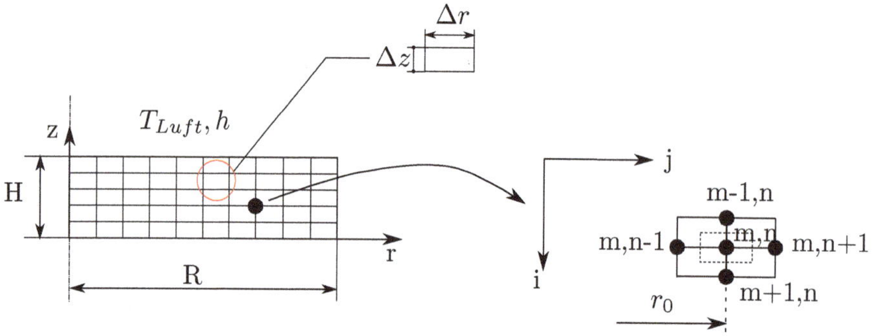

Abb. B.1 FDM-Diskretisierung mit 5-Punkte-Stern

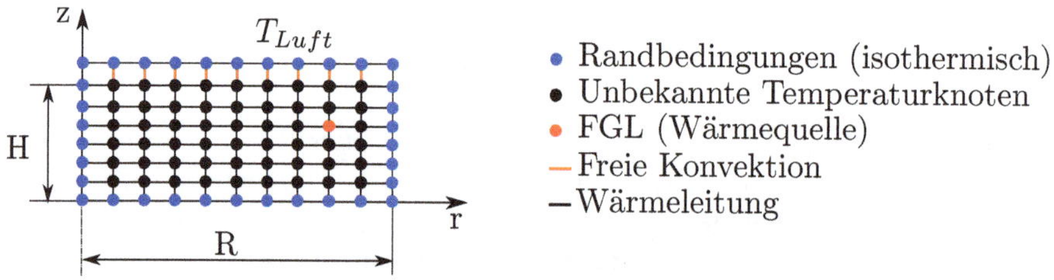

Abb. B.2 Darstellung von unbekannten Temperatur-, Randbedingungs- und dem FGL-Knoten

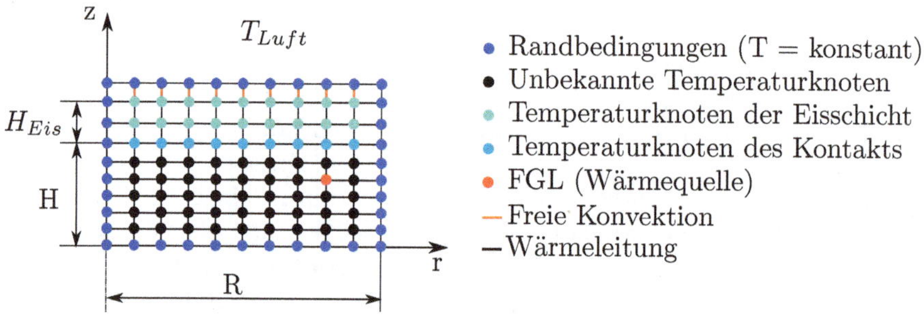

Abb. B.3 Knotendarstellung des vereisten Segments als Querschnitt

Punkte von der Wärmequelle wird der Einfluss dieser Knotenpunkte auf die Ergebnisse vernachlässigt.

Die Wärmeübergangsgleichung 6.1 kann wie in Gleichung B.1 im Sinne der Finite-Differenzen-Methode (Anhang A) formuliert werden. $d(T_{m,n})/dt$ stellt die Temperaturänderung des Knotens (m,n) über die Zeit dar. Die anderen benachbarten Knoten (Abb. B.1, rechts) werden mit entsprechenden Koeffizienten in die Gleichung geschrieben.

$$\dot{T}_{m,n} = \psi T_{m,n} + \beta T_{m,n+1} + \gamma T_{m,n-1} + \varphi T_{m+1,n} + \kappa T_{m-1,n} \tag{B.1}$$

Gleichung B.1 wird für das Zustandsraummodell umgeformt. Der Grund dafür ist, dass diese Art der Darstellung ein wesentliches Element bei der Analyse dynamischer Systeme und beim Reglerentwurf ist [85]. Das elektrische Regelverhalten von FGL beeinflusst maßgeblich Parameter wie Reproduzierbarkeit, Zuverlässigkeit und Funktionstüchtigkeit der Stellbewegung [28].

Der allgemeine Ausdruck für das Zustandsraummodell wird in Gleichung B.2 nach [[85], Formel 4.45] unten ausgedrückt, wo $\underline{T}$(t) den Zustandsvektor und U der Eingangsgröße bzw. die Wärmequelle darstellen. Der Temperaturwert für einen Knoten wird durch den Ausgangsgröße $Y(t)$ ermittelt. In diesem Fall wird $Y(t)$ entsprechend der Position des FGL-Knoten angeordnet. $\underline{\underline{A}}$ ist die Systemmatrix der Zustandsvariablen und $\underline{B}$ ist der Eingangsvektor. $\underline{C}$ steht für der Ausgangsvektor und $\underline{\underline{D}}$ ist die Durchgangsmatrix. Die Randbedingungen werden jedoch in der Zustandsraumgleichung nicht berücksichtigt.

$$\begin{aligned} \dot{\underline{T}} &= \underline{\underline{A}} \cdot \underline{T}(t) + \underline{B} \cdot U \\ Y(t) &= \underline{C} \cdot \underline{T}(t) + \underline{\underline{D}} \cdot U \end{aligned} \tag{B.2}$$

Für eine vollständige Beschreibung des thermischen Verhaltens sollen die Randbedingungen auch in der Gleichung berücksichtigt werden. Aus diesem Grund werden die Randbedingungen in die obige Gleichung aufgenommen. Die neue Zustandsraumdarstellung ist wie unten. Der Begriff $\dot{\underline{T}}$ wird also mit Randbedingungen ($\underline{BC}$) und deren Koeffizienten ($\underline{\underline{G}}$) geschrieben.

$$\begin{aligned} \dot{\underline{T}} &= \underline{\underline{A}} \cdot \underline{T}(t) + \underline{B} \cdot U + \underline{\underline{G}} \cdot \underline{BC} \\ Y(t) &= \underline{C} \cdot \underline{T}(t) + \underline{\underline{D}} \cdot U \end{aligned} \tag{B.3}$$

Abb. B.4 zeigt das Simulink-Blockdiagramm aus der Gleichung B.3. Die Anfangstemperatur im Block *Integrator* ist gleich der Umgebungstemperatur.

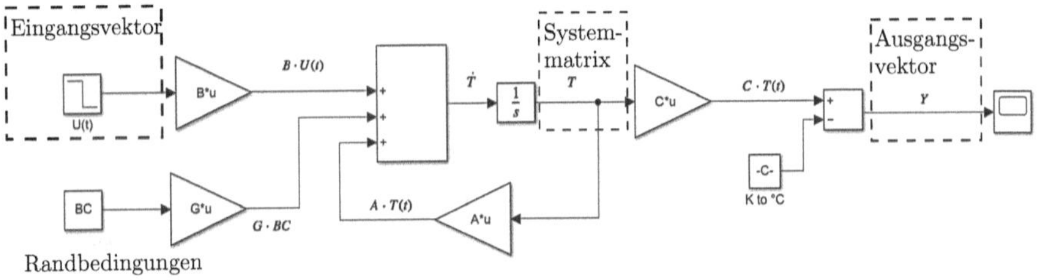

Abb. B.4 Blockdiagramm der Zustandsraumdarstellung in Simulink

Tab. B.1 Die Simulationsparameter

Parameter	Raumtemperatur	Minusgrad (ohne Eis)	Minusgrad (mit Eis)
Umgebungstemperatur	25 °C	−10 °C	−11 °C
Wärmeübertragungskoeffizient	2,5 $W\,m^{-2}\,K^{-1}$	2,5 $W\,m^{-2}\,K^{-1}$	2,5 $W\,m^{-2}\,K^{-1}$
Dauer der Aktivierung	400 s	400 s	1150 s
t_{start} Start der Aktivierung	0 s	0 s	0 s
t_{stop} Ende der Aktivierung	184 s	184 s	900 s
t_{gesamt} Simulationsdauer	400 s	400 s	1150 s
Strom	2,6 A	2,6 A	3,3 A
Spannung	2,1 V	2,1 V	3,2 V

Anhang C
Materialeigenschaften für die FEM-Simulation

Tab. C.1 Tabelle der Parameter für Geometrie, Matrix und Draht [71]

Parameter	Geometrie	Matrixmaterial	Draht
Segmentdicke	8 mm		
Exzentrizität	50 %		
Ringdurchmesser	80 mm		
Drahtdurchmesser	375 µm		
Inkreisdurchmesser	120 mm		
c_{01}		0,66 MPa	
c_{10}		−0,36 MPa	
c_{11}		0,24 MPa	
c_{02}		0 MPa	
c_{20}		0 MPa	
Wärmeleitfähigkeit (λ)		$0{,}22\,\mathrm{W\,m^{-1}\,K}$	
Wärmekapazität (c_p)		$1400\,\mathrm{J\,kg^{-1}\,K^{-1}}$	
Dichte (ρ)		$500\,\mathrm{kg\,m^{-3}}$	
Thermisches Ausdehnungskoeffizient (α_{th})		$31 \cdot 10^{-5}\,\mathrm{K^{-1}}$	
α_{th}			$22 \cdot 10^{-5}\,\mathrm{K^{-1}}$
$E_{Austenit} = E_{Martensite}$			70 GPa
Poisson-Zahl			0.33
Wärmeleitfähigkeit (λ)			$21\,\mathrm{W\,m^{-1}\,K^{-1}}$
Wärmekapazität (c_p)			$320\,\mathrm{J\,kg^{-1}\,K^{-1}}$
Dichte (ρ)			$6690\,\mathrm{kg\,m^{-3}}$
M_f			333,15 K
M_s			348,15 K
A_s			343,15 K
A_f			358,15 K

O. Tamer, *Thermo-mechanisches Enteisungssystem auf Basis von Formgedächtnislegierungen*, Mechanics and Adaptronics,
https://doi.org/10.1007/978-3-662-69337-7

Anhang D
Technische Zeichnungen

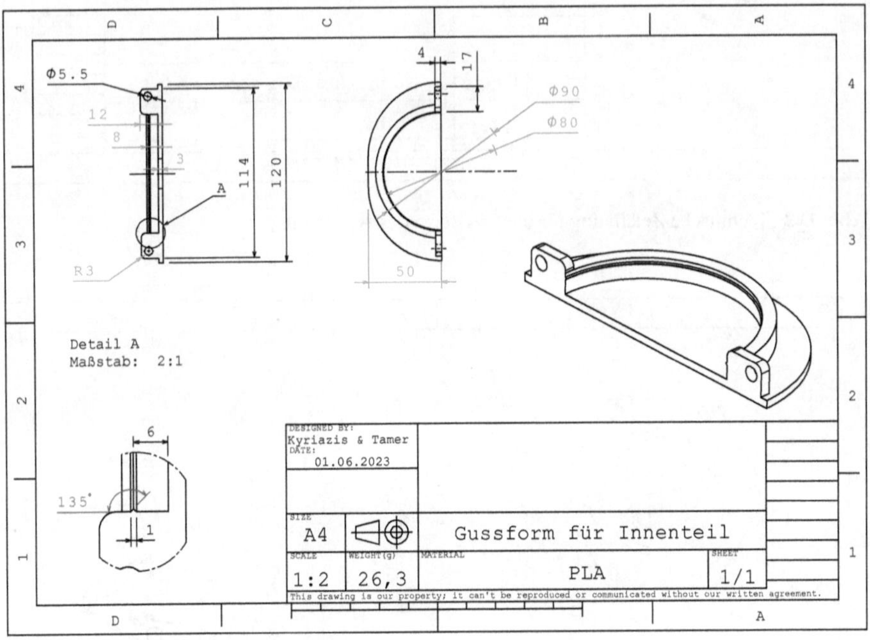

Abb. D.1 Technische Zeichnung für die Gussform des Innenteils

O. Tamer, *Thermo-mechanisches Enteisungssystem auf Basis von Formgedächtnislegierungen*, Mechanics and Adaptronics,
https://doi.org/10.1007/978-3-662-69337-7

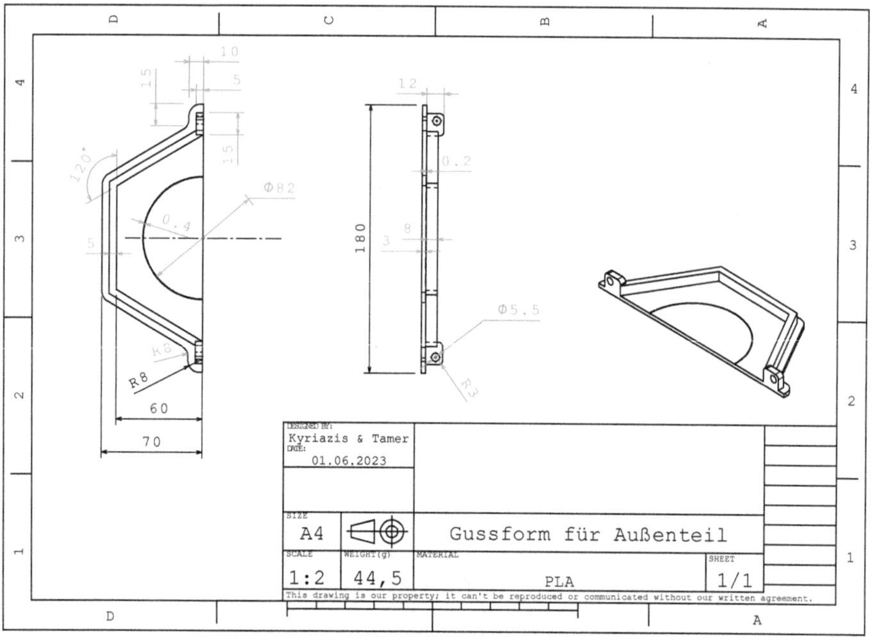

Abb. D.2 Technische Zeichnung für die Gussform des Außenteils

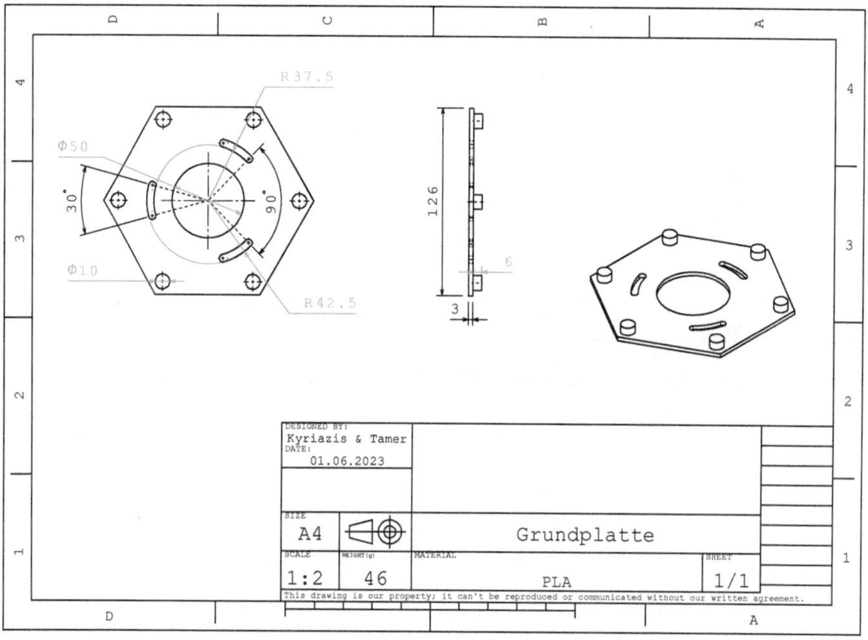

Abb. D.3 Technische Zeichnung für die Grundplatte der Trägerstruktur

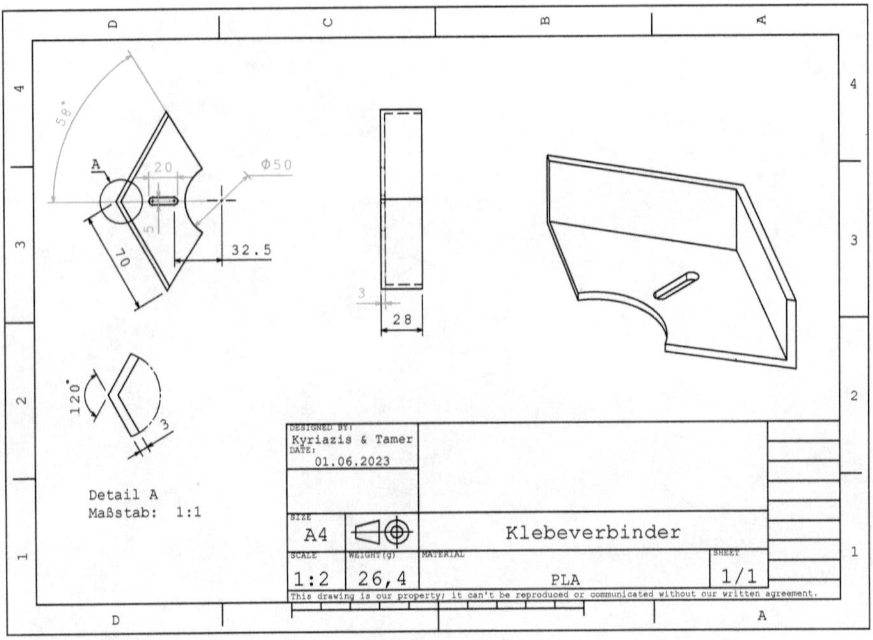

Abb. D.4 Technische Zeichnung für den Klebeverbinder der Trägerstruktur

Anhang E
LabView Blockdiagramm

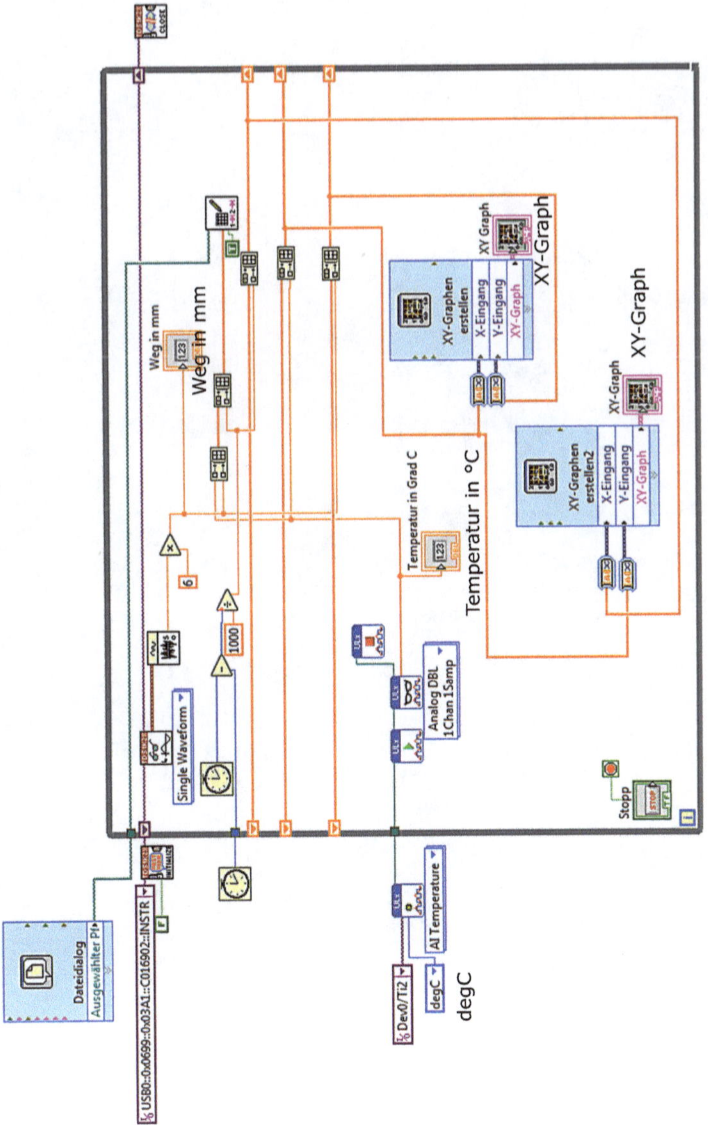

Abb. E.1 LabView Blockdiagramm für thermisches Training [75], mit freundlicher Genehmigung von Herrn A. Kyriazis

O. Tamer, *Thermo-mechanisches Enteisungssystem auf Basis von Formgedächtnislegierungen*, Mechanics and Adaptronics, https://doi.org/10.1007/978-3-662-69337-7

Literatur

1. Cord-Christian Rossow, Klaus Wolf und Peter Horst. *Handbuch der Luftfahrzeugtechnik*. In: (2014).
2. Robert G. Dorsch und Paul T. Hacker. *Photomicrographic investigation of spontaneous freezing temperatures of supercooled water droplets, Technical report*. Techn. Ber. 1950.
3. Joseph Levine. *Statistical explanation of spontaneous freezing of water droplets*. In: (1950).
4. R. W. Gent, N. P. Dart und J. T. Cansdale. *Aircraft icing*. In: *Philosophical Transactions of the Royal Society of London A: Mathematical, Physical and Engineering Sciences* 358.1776 (2000), S. 2873–2911.
5. Tuncer Cebeci und Fassi Kafyeke. *Aircraft icing*. In: *Annual review of fluid mechanics* 35.1 (2003), S. 11–21.
6. Enrico Moehle. *Simulation und experimentelle Untersuchung eines elektromechanischen Enteisungssystems*. Cuvillier Verlag, 2014.
7. Civil Aviation Authority. *Aircraft icing handbook*. In: *Safety Education and Publishing Unit: New Zealand* (2000), S. 2.
8. Matthias Endres u. a. *Experimental study of two electro-mechanical de-icing systems applied on a wing section tested in an icing wind tunnel*. In: *CEAS Aeronautical Journal* 8.3 (2017), S. 429–439.
9. M. C. Chu und R. J. Scavuzzo. *Adhesive shear strength of impact ice*. In: *AIAA journal* 29.11 (1991), S. 1921-1926.
10. Tobias Strobl u. a. *Feasibility study of a hybrid ice protection system*. In: *Journal of Aircraft* 52.6 (2015), S. 2064–2076.
11. Federal Aviation Administration US Department of Transportation. *Handbook-Airframe, Aviation Maintenance Technician Vol*. 2. In: *(FAA-H-8083-31)* (2012).
12. Kamel Al-Khalil, Thomas Ferguson und Dennis Phillips. „A hybrid anti-icing ice protection system“. In: *35th Aerospace Sciences Meeting and Exhibit*. 1997, S. 302.
13. *Aircraft Accident Report-in-Flight Icing Encounter and Loss of Control Simmons Airlines, d.b.a. American Eagle Flight 4184 Avions de Transport Regional (ATR)*. Techn. Ber. National Transportation Safety Board, 1996.
14. Zdobyslaw Goraj. *An overview of the deicing and anti-icing technologies with prospects for the future*. In: 29 (2004).
15. John J. Reinmann. *Icing: Accretion, detection, protection*. In: (1994).
16. SAE AIR. *1168/4*., in: *Ice, Rain, Fog, and Frost Protection Rev. A, Aerospace Information Report* (2014), S. 1–72.

O. Tamer, *Thermo-mechanisches Enteisungssystem auf Basis von Formgedächtnislegierungen*, Mechanics and Adaptronics,
https://doi.org/10.1007/978-3-662-69337-7

17. John J. Reinmann, Robert J. Shaw und Richard J. Ranaudo. *NASA's program on icing research and technology*. In: (1989).
18. Scott K. Thomas, Robert P. Cassoni und Charles D. MacArthur. *Aircraft anti-icing and de-icing techniques and modeling*. In: *Journal of Aircraft* 33.5 (1996), S. 841–854.
19. Suresh V. Venna und Y-J Lin. *Mechatronic development of self-actuating in-flight deicing structures*. In: *IEEE/ASME Transactions on mechatronics* 11.5 (2006), S. 585–592.
20. Guy Fortin, Maryelle Adomou und Jean Perron. *Experimental study of hybrid anti-icing systems combining thermoelectric and hydrophobic coatings*. Techn. Ber. SAE Technical Paper, 2011.
21. *787 No-Bleed Systems: Saving Fuel and Enhancing Operational Efficiencies*. In: (2007). URL: http://www.boeing.ch/commercial/aeromagazine/articles/qtr_4_07/AERO_Q407_article2.pdf (besucht am 05. 02. 2024).
22. J. Gerardi, R. Ingram und R. Catarella. *A shape memory alloy based de-icing system for aircraft*. In: (1995), S. 454.
23. Thomas H. Bond, Jaiwon Shin und Geert A. Mesander. *Advanced ice protection systems test in the NASA Lewis Icing Research Tunnel*. In: (1991).
24. Ozan Tamer, Alexander Kyriazis und Michael Sinapius. *Parameter study and experimental analysis of a thermo-mechanical de-icing concept. In: Smart Materials and Structures* 29.4 (2020), S. 045021.
25. Johannes Michael Sinapius. *Prinzipe der Adaptronik*. Springer, 2018, S. 9–18.
26. William J. Buehler, J. V. Gilfrich und R. C. Wiley. *Effect of low-temperature phase changes on the mechanical properties of alloys near composition TiNi*. In: *Journal of applied physics* 34.5 (1963), S. 1475–1477.
27. Dimitris C. Lagoudas. *Shape memory alloys: modeling and engineering applications*. Springer Science & Business Media, 2008.
28. Sven Langbein und Alexander Czechowicz. *Konstruktionspraxis Formgedächtnistechnik: Potentiale-Auslegung-Beispiele*. Springer-Verlag, 2013.
29. Werner Roddeck. *Einführung in die Mechatronik*. Springer, 2016.
30. Aydin Dogan, James Tressler und Robert E. Newnham. *Solid-state ceramic actuator designs*. In: *AIAA journal* 39.7 (2001), S. 1354–1362.
31. Z. G. Wei, R. Sandstroröm und S. Miyazaki. *Shape-memory materials and hybrid composites for smart systems: Part I Shape-memory materials*. In: *Journal of materials science* 33.15 (1998), S. 3743–3762.
32. K. Uchino und J. R. Giniewicz. *Micromechatronics. No. 22 in Materials engineering*. 2003.
33. C. Liang, C. A. Rogers und E. Malafeew. *Investigation of shape memory polymers and their hybrid composites*. In: *Journal of Intelligent Material Systems and Structures* 8.4 (1997), S. 380–386.
34. Changdeng Liu, Haihu Qin und P. T. Mather. *Review of progress in shape-memory polymers*. In: *Journal of materials chemistry* 17.16 (2007), S. 1543–1558.
35. Yanju Liu u. a. *Review of electro-active shape-memory polymer composite*. In: *Composites Science and Technology* 69.13 (2009), S. 2064–2068.
36. R. T. Bonnecaze und J. F. Brady. *Dynamic simulation of an electrorheological fluid*. In: *The Journal of chemical physics* 96.3 (1992), S. 2183–2202.
37. Tian Hao. *Electrorheological fluids*. In: *Advanced Materials* 13.24 (2001), S. 1847–1857.
38. Yoseph Bar-Cohen. *Electroactive polymer (EAP) actuators as artificial muscles: reality, potential, and challenges*. Bd. 136. SPIE press, 2004.
39. Q. M. Zhang, Vivek Bharti und Xiao Zhao. *Giant electrostriction and relaxor ferroelectric behavior in electron-irradiated poly (vinylidene fluoride-trifluoroethylene) copolymer*. In: *Science* 280.5372 (1998), S. 2101–2104.
40. S. H. Kim, G. W. Mulholland und M. R. Zachariah. *Density measurement of size selected multiwalled carbon nanotubes by mobility-mass characterization*. In: *Carbon* 47.5 (2009), S. 1297–1302.

41. M. M. JEBBESSEN Treacy, Thomas W. Ebbesen und John M. Gibson. *Exceptionally high Young"s modulus observed for individual carbon nanotubes*. In: *nature* 381.6584 (1996), S. 678–680.
42. Min-Feng Yu u. a. *Strength and breaking mechanism of multiwalled carbon nanotubes under tensile load*. In: *Science* 287.5453 (2000), S. 637–640.
43. Ray H. Baughman u. a. *Carbon nanotube actuators*. In: *Science* 284.5418 (1999), S. 1340–1344.
44. Hartmut Janocha u. a. *Adaptronics and smart structures*. Springer, 1999.
45. Charles H. Sherman und John L. Butler. *Transducers and arrays for underwater sound*. Bd. 4. Springer, 2007.
46. Marcelo J. Dapino. *On magnetostrictive materials and their use in smart material transducers*. In: *Struct. Eng. Mech. J* 17 (2002), S. 1–28.
47. Inderjit Chopra und Jayant Sirohi. *Smart structures theory*. Bd. 35. Cambridge University Press, 2013.
48. Goodfellow GmbH. *Produktzusammenfassung von Magnetisches Formgedächtnis-Material Technisches Datenblatt*. Juli 2020. URL: http://www.goodfellow.com/de/groessere-mengen/legierungen/magnetisches-formgedaechtnis-material-technisches-datenblatt/ (besucht am 10. 07. 2020).
49. Koji Ikuta. *Micro/miniature shape memory alloy actuator*. In: (1990), S. 2156–2161.
50. Sven Langbein, Alexander Jaroslaw Czechowicz und Horst Meier. *Strategies for self-repairing shape memory alloy actuators*. In: *Journal of materials engineering and performance* 20.4-5 (2011), S. 564–569.
51. C. Mavroidis. *Development of Advanced Actuators Using Shape Memory Electrorheological Fluids*. In: *Res Nondestr Eval, Springer-Verlag, New York Inc* (2002).
52. Thomas W. Duerig, K. N. Melton und DWCM Stöckel. *Engineering aspects of shape memory alloys*. Butterworth-Heinemann, 2013.
53. Manfred Kohl. *Shape memory microactuators*. Springer Science & Business Media, 2004.
54. D. F. Reynaerts. *Control methods and actuation technology for whole-hand dexterous manipulation*. In: (1997).
55. Dominiek Reynaerts und Hendrik Van Brussel. *Design aspects of shape memory actuators*. In: *Mechatronics* 8.6 (1998), S. 635–656.
56. J. Gerardi, R. Ingram und R. Catarella. *A shape memory alloy based de-icing system for aircraft*. In: (1995), S. 454.
57. NASA. Research & Technology 1995. Techn. Ber. Technical Memorandum 107111, S. 21. Lewis Research Center, 1995.
58. Lowell J. Adams. *Deicer assembly utilizing shaped memory metals*. US Patent 5,558,304. 1996.
59. Richard B. Ingram und Joseph J. Gerardi. *Shape memory alloy de-icing technology*. US Patent 5,686,003. 1997.
60. Roy Y. Myose u. a. *Application of shape memory alloys for leading edge deicing*. Techn. Ber. SAE Technical Paper, 1999.
61. Fulvio Pinto u. a. *Multifunctional SMArt composite material for in situ NDT/SHM and de-icing. In: Smart Materials and Structures* 21.10 (2012), S. 105010.
62. Daniel B. Sullivan u. a. „Shape Memory Alloy Rotor Blade Deicing“. In: *54th AIAA/ASME/ASCE/-AHS/ASC Structures, Structural Dynamics, and Materials Conference*. 2013, S. 1915.
63. Xin Liu, Yuming Xing und Liang Zhao. „Study of Shape Memory Alloy De-icing Device for Nonrotating Components of Aircrafts“. In: *IOP Conference Series: Materials Science and Engineering*. 2018.
64. Deutsches Zentrum fuer Luft- und Raumfahrt e.V. „Vorrichtung zum Enteisen einer Oberflaeche eines aerodynamischen Koerpers“. Patentanmeldung. RHP Ref:19859/ST6.
65. Martin Schulz und Michael Sinapius. *Evaluation of different ice adhesion tests for mechanical deicing systems*. In: (2015).

66. Andrew Work und Yongsheng Lian. *A critical review of the measurement of ice adhesion to solid substrates*. In: *Progress in Aerospace Sciences* 98 (2018), S. 1–26.
67. Jared Soltis u. a. *Evaluation of ice-adhesion strength on erosion-resistant materials*. In: *AIAA journal* 53.7 (2015), S. 1825–1835.
68. Pablo F. Ibáñez-Ibáñez u. a. *Ice adhesion of PDMS surfaces with balanced elastic and water-repellent properties*. In: *Journal of Colloid and Interface Science* 608 (2022), S. 792–799.
69. Yang Liu, Leonard J. Bond und Hui Hu. *Ultrasonic-attenuation-based technique for ice characterization pertinent to aircraft icing phenomena*. In: *Aiaa Journal* 55.5 (2017), S. 1602–1609.
70. Donald D. Joye, Joseph P. Bushinsky und Paul E. Saylor. *Mixed convection heat transfer at high Grashof number in a vertical tube*. In: *Industrial & engineering chemistry research* 28.12 (1989), S. 1899–1903.
71. Ozan Tamer u. a. *A Computational Geometric Parameter Optimization of the Thermomechanical Deicing Concept*. In: 11.8 (2022), S. 223.
72. The Engineering Toolbox. URL: https://www.engineeringtoolbox.com/ice-thermal-propertiesd_576.html (besucht am 01. 12. 2022).
73. A. Cengel Yunus u. a. *Heat transfer: a practical approach*. In: *MacGraw Hill, New York* 210 (2003).
74. Martin Schultz. „Zeitabhängigkeit der Eisadhäsionsfestigkeit, Dissertation“. Diss. Deutsches Zentrum für Luft-und Raumfahrt, 2016.
75. Alexander Kyriazis. *Parameterstudie und experimentelle ÜUberprüfung eines integrierten thermomechanischen Enteisungssystems*, Masterarbeit. 2018.
76. Jacob P. DenHartog. *Mechanische schwingungen*. Springer-Verlag, 2013.
77. M. Necati Özışık. Heat conduction. John Wiley & Sons, 1993.
78. Zhu He. *Charakterisierung der thermomechanischen Eigenschaften von Drähten aus Formgedächtnislegierungen, Masterarbeit*. 2021.
79. Toshiyuki Takagi u. a. *Modeling and numerical simulation on thermomechanical behavior of SMA plates with two-way shape memory effect*. In: *Journal of intelligent material systems and structures* 12.11 (2001), S. 721–728.
80. *Technical Characteristics of Flexinol*. DYNALLOY, Inc. URL: https://www.dynalloy.com/pdfs/TCF1140.pdf (besucht am 05. 02. 2024).
81. *Technical Data Sheet, SYLGARG 184 Silicone Elastomer*. DOW. URL: https://www.dow.com/content/dam/dcc/documents/en-us/productdatasheet/11/11-31/11-3184-sylgard-184-elastomer.pdf (besucht am 05. 02. 2024).
82. I. D. Johnston u. a. *Mechanical characterization of bulk Sylgard 184 for microfluidics and microengineering*. In: *Journal of Micromechanics and Microengineering* 24.3 (2014), S. 035017.
83. Oliver Meier und Dieter Scholz. *A handbook method for the estimation of power requirements for electrical de-icing systems*. In: *DLRK, Hamburg* 31 (2010).
84. David R. Croft und David G. Lilley. *Heat transfer calculations using finite difference equations*. In: (1977).
85. Jan Lunze. *Regelungstechnik 1: Systemtheoretische Grundlagen*. In: *Analyse und Entwurf einschleifiger Regelungen* Berlin* (2010).

Kolibri 360 GmbH
Ferdinand-Jühlke-Straße 7
99095 Erfurt, Deutschland
produktsicherheit@kolibri360.de